Alexander Roßnagel

Datenschutzaudit

DuD-Fachbeiträge

herausgegeben von Andreas Pfitzmann, Helmut Reimer, Karl Rihaczek
und Alexander Roßnagel

Die Buchreihe DuD-Fachbeiträge ergänzt die Zeitschrift DuD – Datenschutz und Datensicherheit in einem aktuellen und zukunftsträchtigen Gebiet, das für Wirtschaft, öffentliche Verwaltung und Hochschulen gleichermaßen wichtig ist. Die Thematik verbindet Informatik, Rechts-, Kommunikations- und Wirtschaftswissenschaften.
Den Lesern werden nicht nur fachlich ausgewiesene Beiträge der eigenen Disziplin geboten, sondern auch immer wieder Gelegenheit, Blicke über den fachlichen Zaun zu werfen. So steht die Buchreihe im Dienst eines interdisziplinären Dialogs, der die Kompetenz hinsichtlich eines sicheren und verantwortungsvollen Umgangs mit der Informationstechnik fördern möge.

Unter anderem sind erschienen:

Hans-Jürgen Seelos
Informationssysteme und Datenschutz im
Krankenhaus

Wilfried Dankmeier
Codierung

Heinrich Rust
Zuverlässigkeit und Verantwortung

Albrecht Glade, Helmut Reimer
und Bruno Struif (Hrsg.)
Digitale Signatur &
Sicherheitssensitive Anwendungen

Joachim Rieß
Regulierung und Datenschutz im
europäischen Telekommunikationsrecht

Ulrich Seidel
Das Recht des elektronischen
Geschäftsverkehrs

Rolf Oppliger
IT-Sicherheit

Hans H. Brüggemann
Spezifikation von objektorientierten
Rechten

Günter Müller, Kai Rannenberg,
Manfred Reitenspieß, Helmut Stiegler
Verläßliche IT-Systeme

Kai Rannenberg
Zertifizierung mehrseitiger
IT-Sicherheit

Alexander Roßnagel, Reinhold Haux,
Wolfgang Herzog (Hrsg.)
Mobile und sichere Kommunikation
im Gesundheitswesen

Hannes Federrath
Sicherheit mobiler Kommunikation

Volker Hammer
Die 2. Dimension der IT-Sicherheit

Patrick Horster
Sicherheitsinfrastrukturen

Gunter Lepschies
E-Commerce und Hackerschutz

Patrick Horster, Dirk Fox (Hrsg.)
Datenschutz und Datensicherheit

Michael Sobirey
Datenschutzorientiertes
Intrusion Detection

Rainer Baumgart, Kai Rannenberg,
Dieter Wähner und Gerhard Weck (Hrsg.)
Verläßliche IT-Systeme

Alexander Röhm, Dirk Fox,
Rüdiger Grimm und Detlef Schoder (Hrsg.)
Sicherheit und Electronic Commerce

Dogan Kesdogan
Privacy im Internet

Kai Martius
Sicherheitsmanagement
in TCP/IP-Netzen

Alexander Roßnagel
Datenschutzaudit

Alexander Roßnagel

Datenschutzaudit

Konzeption, Durchführung, gesetzliche Regelung

Die Deutsche Bibliothek – CIP-Einheitsaufnahme
Ein Titeldatensatz für diese Publikation ist bei
Der Deutschen Bibliothek erhältlich

Konzeption und Layout des Umschlags: Ulrike Weigel, www.CorporateDesignGroup.de
Gesamtherstellung: Lengericher Handelsdruckerei, Lengerich

ISBN 978-3-528-05734-3   ISBN 978-3-663-05849-6 (eBook)
DOI 10.1007/978-3-663-05849-6

Das vorliegende Buch ist aus einem Gutachten für das Bundesministerium für Wirtschaft und Technologie zu einem Konzept und einem Entwurf eines Gesetzes für ein allgemeines Datenschutzaudit hervorgegangen. Aufgabe des Rechtsgutachtens war es, aus verschiedenen alternativen Vorstellungen die Zielsetzung eines Datenschutzaudits zu entwickeln, zu prüfen, welche Aspekte eines solchen Datenschutzaudits einer gesetzlichen Rahmenregelung bedürfen, für diese eine Gesetzgebungskonzeption für ein Datenschutzaudit zu entwerfen und daraus einen ersten Entwurf eines Gesetzes für ein Datenschutzaudit zu erstellen. Das Gutachten und der Gesetzentwurf sind im Juni 1999 abgegeben worden. Ursprünglich war der Auftrag auf ein Datenschutzaudit für Teledienste beschränkt. Kurz vor Fertigstellung des Gutachtens war in den regierungsinternen Entwurf der Novelle zum Bundesdatenschutzgesetz eine Programmnorm für ein allgemeines Datenschutzaudit aufgenommen worden. Daraufhin war der Auftrag auf die Erarbeitung eines allgemeinen Datenschutzauditgesetzes erweitert worden. Der ursprüngliche Zuschnitt des Auftrags macht sich in dem vorliegenden Text insoweit noch bemerkbar, als Teledienste immer wieder beispielhaft als Anwendungsfeld für das Datenschutzaudit herangezogen werden.

Zur Bearbeitung des Rechtsgutachtens wurden die bisherigen Stellungnahmen zum Datenschutzaudit zusammengetragen und ausgewertet. Als Orientierungsfeld wurden die EG-Umweltaudit-Verordnung, ihr Revisionsentwurf sowie die ISO-Normen 9.000 und 14.000 untersucht. Zu deren Bewertung war die einschlägige Literatur über deren Zielsetzung, Konzeption, Umsetzung und Bewährung in der Praxis heranzuziehen. Schließlich wurde eine vorläufige Konzeption des Datenschutzaudits in mehreren Gesprächen und Vorträgen vorgestellt und erörtert, unter anderem mit dem Vorstand der Gesellschaft für Datenschutz und Datensicherheit, dem Fachgebiet Multimediaplattform des Verbands Privater Rundfunk- und Telekommunikationsanbieter und vor Datenschutzbeauftragten der Länder und aus vielen Betrieben. Außerdem arbeitete der Verfasser im Arbeitskreis „Datenschutzaudit Multimedia" mit, den der Datenschutzbeauftragte der Telekom AG Ende 1997 initiiert hat. Von dem Gutachten unterscheidet sich der vorliegende Text neben einer generellen stilistischen Überarbeitung zum einen dadurch, daß der erarbeitete Gesetzentwurf nicht mit abgedruckt worden ist, zentrale Vorschläge aber in den Text sinngemäß eingearbeitet worden sind. Zum anderen sind Erkenntnisse aus einer Forschungsreise in die USA und Kanada im Oktober 1999 berücksichtigt worden.

Im vorliegenden Buch wird die Notwendigkeit und Konzeption eines Gesetzentwurfs für ein Datenschutzaudit untersucht. Hierzu wird in einem ersten Schritt die Idee eines Datenschutzaudits skizziert, um dem Leser eine erste Vorstellung von dessen Zielsetzung zu geben, sowie die Geschichte der Idee eines Datenschutzaudits sowie die Diskussion um diese skizziert (1). Danach werden Anforderungen an das Datenschutzaudit aus unterschiedlichen Blickwinkeln aufgelistet, um Bewertungskriterien für mögliche alternative Konzeptionen zu gewinnen (2). Sodann werden vom Vorbild des Umweltschutzaudits ausgehend die einzelnen Elemente der Konzeption eines Datenschutzaudits erörtert (3). Im vierten Schritt wird geprüft, ob zur Umsetzung dieser Konzeption eine gesetzliche Regelung erforderlich ist, und diese Frage für zentrale Rahmenvorgaben an das Datenschutzaudit bejaht. Außerdem werden die verfassungsrechtlichen Vorgaben für ein solches Gesetz untersucht (4). Schließlich wird im fünften Schritt die Konzeption eines Gesetzes zur freiwilligen Beteiligung verantwortlicher Stellen an einem Datenschutzaudit (Datenschutzauditgesetzes – DAG) entwickelt (5).

Meinen Mitarbeitern Heiner Fuhrmann, Edouard Lange und Philip Scholz danke ich für fruchtbare Diskussionen und wertvolle Hinweise, Uwe Neuser darüber hinaus für Formulierungshilfen.

Kassel, im Oktober 1999   *Alexander Roßnagel*

Inhaltsverzeichnis

Die Idee eines Datenschutzaudits

Das Datenschutzaudit ist ein neues Instrument des Datenschutzes: Durch die abgesicherte Möglichkeit, mit seinen Datenschutzanstrengungen werben zu können, soll der Datenverarbeiter veranlasst werden, freiwillig ein Datenschutzmanagementsystem zu errichten, das zu einer kontinuierlichen Verbesserung des Datenschutzes beiträgt.

Das Datenschutzaudit ist eine Antwort auf das gestiegene Datenschutzbewusstsein bei der Verarbeitung personenbezogener Daten bei Anwendern und Nutzern.[1] Datenschutz ist ein entscheidender Akzeptanzfaktor für alle Formen des elektronischen Handels und der elektronischen Verwaltung. Nach einer repräsentativen Umfrage, die das Freizeit-Forschungsinstitut in Hamburg bei 3000 Personen über 14 Jahren zum Thema Multimedia und Datenschutz durchgeführt hat, würden gern 46% aller Befragten und 57% der Berufstätigen behördliche Teledienste in Anspruch nehmen.[2] Ein Drittel der Bevölkerung (33% der Befragten) würden gern online Informationen über Produkte und Dienstleistungen erhalten und eventuell auch kaufen und in Anspruch nehmen.[3] Mehr Bürger sogar (37% der Befragten) würden auf diese Weise Reiseinformationen abrufen und Reisen organisieren.[4] Allerdings sind 47% der Bevölkerung der Ansicht, es werde derzeit zu wenig für den Datenschutz getan. Diese Einschätzung nimmt mit steigender Schulbildung zu und wird unter den Personen mit Hochschulabschluss sogar von 60% vertreten.[5] Für die Zukunft fordern sie – auch angesichts der neuen Möglichkeiten der Multimediatechnik – eine Verbesserung des Datenschutzes.[6] Mit 55% von allen Befragten votiert die Mehrheit für

---

1   S. Bachmeier, DuD 1996, 673; Engel-Flechsig, DuD 1997, 15; Roßnagel, DuD 1997, 507.

2   S. Opaschowski/Duncker 1998, 35, 70.

3   S. Opaschowski/Duncker 1998, 37, 70.

4   S. Opaschowski/Duncker 1998, 70.

5   S. Opaschowski/Duncker 1998, 19f. Lediglich 38% aller Befragten sind der Meinung, es gebe ausreichend Datenschutz.

6   Nach Königshofen, DuD 1999, 267, kommen auch viele weitere Meinungs-

einen Ausbau des Datenschutzes. Weitere 30% würden ihn zumindest auf dem Niveau von heute halten und lediglich jeder Zwölfte (8% der Befragten) meint, dem Datenschutz könnte gern weniger Bedeutung beigemessen werden.[7]

Auch in anderen Umfragen spiegelt sich die Sensibilität der Bevölkerung für den Schutz der Privatsphäre im Zusammenhang mit Multimedia-Anwendungen wieder. Einer im Auftrag der Europäischen Kommission erstellten repräsentativen Umfrage zufolge erklärten nur 15% der Befragten, sie würden die neuen Kommunikationstechnologien auch dann nutzen, wenn sie persönliche Datenspuren hinterlassen. Zwei Drittel der EU-Bürger sind über Datenspuren in Telekommunikationsnetzen besorgt. Sogar über 70% der Befragten fühlen sich durch die Möglichkeit der Weitergabe oder den Verkauf von Daten an Dritte negativ betroffen.[8] Für die USA bieten einschlägige Umfragen vergleichbare Ergebnisse.[9]

Bezogen auf den Bereich des Internet-Shoppings ergibt sich das gleiche Bild. Nach einer 1998 vom Internetmagazin „FirstSurf" in Auftrag gegebenen Umfrage stellt die Sicherheit der persönlichen Daten für 54% der Nutzer ein bedeutendes Problem beim Einkauf im Internet dar.[10] Die Möglichkeit der Erstellung von Kundenprofilen und Aufzeichnungen des Nutzerverhaltens wird aus der Sicht des Nutzer als „ein ernstzunehmendes Problem" eingestuft.[11] Gleiche Besorgnisse bestehen in USA und Canada.[12]

---

umfragen zu dem Ergebnis, dass ein Großteil der potentiellen Kunden in den westlichen Industrienationen die neuen, über das Internet verbreiteten multimedialen Angebote und Dienstleistungen nicht in vollem Umfang in Anspruch nehmen, weil sie fürchten, hierbei zuviel von ihrer Privatsphäre preisgeben zu müssen.

[7]   S. Opaschowski/Duncker 1998, 30; Opaschowski, DuD 1998, 657.

[8]   Eurobarometer 46.1: Information Technology and Data Privacy. Report produced for the European Commission, Directorate General „Internal Market and Financial Services", Brüssel Januar 1997, 13, Möglichkeit zum download unter <http://www.ispo.cec.be/ecommerce/related.htm>.

[9]   Westin 1997; Task Force on Electronic Commerce 1998, 1 ff.; U.S. Federal Trade Commission 1999a, 2f.; Cranor/Ackerman 1999; Center of Democracy and Technology 1999.

[10]   Internetshopping Report 98/99: Die große Nutzerumfrage, <http://www.firstsurf.de/shoppingumfrage.htm>.

[11]   Hillebrandt, DuD 1998, 220.

[12]   Westin 1997; Task Force on Electronic Commerce 1998, 1 ff.; U.S. Federal Trade Commission 1999a, 2f.; Louis Harris/Westin 1998; Louis Harris 1999; Intelliquest 1999; Cranor/Ackerman 1999; Center of Democracy and Technology 1999.

Aus diesen Ergebnissen ist zu schließen: „Wer mit den ihm anvertrauten Informationen nicht sorgsam umgehen kann, wird in der Informationsgesellschaft des 21. Jahrhunderts einen schweren Stand haben".[13] Eine aus Angst vor Missbrauch von persönlichen Daten skeptische oder gar ablehnende Haltung gegenüber den neuen Informations- und Kommunikationstechniken hätte mit hoher Wahrscheinlichkeit jedoch wirtschaftliche Konsequenzen. So werden sich bei fehlendem Vertrauen die für den Bereich des Electronic Commerce gestellten optimistischen Prognosen mit Umsatzerwartungen in Milliardenhöhe wohl nicht erfüllen.[14] Ein wirksamer Datenschutz zählt zweifellos zu den wesentlichen Akzeptanzvoraussetzungen der Informationsgesellschaft und ist insofern auch ein bedeutender Wettbewerbsfaktor.[15] Es wird vor allem eine Aufgabe der Anbieter von Telediensten sein, „alle wirksamen Schutzmaßnahmen für ihre Konsumenten zu treffen, um die Akzeptanz der neuen Medienwelt nicht durch eine wie auch immer geartete Datenunsicherheit im Keim zu ersticken".[16] Und – so ist zu ergänzen – angesichts der großen Unkenntnis und Verunsicherung[17] wird es auch darauf ankommen, die Anstrengungen im Datenschutz zu vermitteln. Für beides – für die Datenschutzanstrengungen und ihre Vermittlung – könnte das Datenschutzaudit ein hilfreiches Instrument sein.

1.1   Ziele eines Datenschutzaudits

Entsprechend seinem Vorbild, dem Umweltschutzaudit, sollte das Datenschutzaudit vier zentrale Ziele verfolgen. Diese werden vorab kurz vorgestellt, um über diese einen ersten Eindruck von Sinn und Zweck eines Datenschutzaudits zu vermitteln. Das konkrete Konzept eines Datenschutzaudits wird in Kapitel 3 ausführlich erörtert.

---

13   Opaschowski/Duncker 1998, 24.

14   Grimm/Löhndorf/Scholz, DuD 1999, 272; Westin 1997; Reidenberg 1999, 771.

15   Rat für Forschung, Technologie und Innovation 1995, 32; Task Force on Electronic Commerce 1998, 1 ff.; U.S. Federal Trade Commission 1999a, 2f.; Louis Harris/Westin 1998; Reidenberg 1999, 772.

16   Opaschowski, DuD 1998, 657.

17   S. hierzu Opaschowski, DuD 1998, 656.

1.1.1 Stärkung der Selbstverantwortung und des Wettbewerbs

Das Datenschutzaudit sollte in erster Linie ein geeignetes Instrument sein, die Selbstverantwortung des Datenverarbeiters für den Datenschutz zu fordern und zu fördern.[18] Datenschutz ist ein immer wichtiger werdendes Qualitätsmerkmal für Anwendungen der Informations- und Kommunikationstechniken, das als Wettbewerbsvorteil verstanden wird.[19] Das Datenschutzaudit sollte daher in nachprüfbarer Weise ermöglichen, mit Datenschutz und Datensicherheit zu werben. Um ein „hohes Datenschutzniveau" kontinuierlich sicherzustellen,[20] ist ein Datenschutzmanagementsystem einzurichten. Dessen wiederkehrende Überprüfung und Verbesserung wird durch rechtliche Verfahrensregeln abgesichert. Für den Datenverarbeiter ist entscheidend, dass das Datenschutzaudit sich den Besonderheiten seines Betriebes anpasst und ihm Möglichkeiten eröffnet, mit dem positiven Ergebnis der Überprüfung die Kommunikation mit der Öffentlichkeit zu suchen und mit ihm zu werben. Das Datenschutzaudit soll die datenverarbeitende Stelle belohnen, „die bei der Konzeption ihres Angebots – eventuell auch bei der Entwicklung der Soft- und Hardware – datenschutzrechtliche Belange berücksichtigen",[21] und für alle anderen marktgerechte Anreize schaffen, dies ebenso zu tun.

1.1.2 Verringerung des Vollzugsdefizits

Nicht nur im Umweltschutzrecht, auch im Datenschutzrecht besteht ein erhebliches Vollzugsdefizit. Die öffentlichen Datenschutzbeauftragten und die Aufsichtsbehörden sind durch die weltweite Vernetzung und die ubiquitäre Verwendung von Informations- und Kommunikationstechniken überfordert. Hier könnte das Datenschutzaudit zu einer Entlastung beitragen. Mit

---

[18] Ebenso Kothe 1996, 2; Hoffmann-Riem 1996, 25, für das Umweltschutzaudit; für das Datenschutzaudit s. auch Roßnagel, DuD 1997, 507; Büllesbach 1997, 36; Vogt/Tauss 1998, 19; Garstka, DVBl 1998, 988; Königshofen, DuD 1999, 266; Bundesregierung, BT-Drs. 14/1191, 14.

[19] S. hierzu z.B. Büllesbach, RDV 1995, 4; Bachmeier, DuD 1996, 680; Berliner Datenschutzbeauftragter 1997, 134; Büllesbach, RDV 1997, 239; Büllesbach 1997, 36; Westin 1997.

[20] S. provet 1996, Begründung zu § 11 des vorgeschlagenen Multimedia-Datenschutz-Gesetzes; ebenso Begründung zu § 17 MDStV; Engel-Flechsig, DuD 1997, 15.

[21] Begründung zu § 17 des MDStV; ebenso Engel-Flechsig, DuD 1997, 15; Roßnagel, DuD 1997, 507.

dem von ihm geschaffenen Anreiz zur Selbstkontrolle verringert das Datenschutzaudit Defizite in der Einhaltung des geltenden Datenschutzrechts. Es etabliert neue Formen und Instanzen der Datenschutzkontrolle, indem es interne Kontrollverfahren vorsieht, externe private Gutachter einbezieht und der kritischen Öffentlichkeit Kontrollinformationen bietet und Bewertungsmöglichkeiten eröffnet.[22] Maßstab der Prüfung dieser Kontrollinstanzen sind die für die Datenverarbeitung geltenden Anforderungen des Datenschutzrechts. Da das Datenschutzaudit andere Voraussetzungen[23] und Folgen[24] aufweist als die behördliche Datenschutzkontrolle, vermag es diese sehr wohl zu ergänzen, nicht aber zu ersetzen.

1.1.3 Kontinuierliche Verbesserung von Datenschutz und Datensicherung

Beim Umweltschutzaudit haben die teilnehmenden Unternehmen nicht nur die einschlägigen Vorschriften einzuhalten, sondern auch auf eine angemessene kontinuierliche Verbesserung des betrieblichen Umweltschutzes hinzuwirken, wie sie sich mit der wirtschaftlich vertretbaren Anwendung der besten verfügbaren Technik erreichen lässt.[25] Ebenso sollte das materielle Hauptziel des Datenschutzaudits die kontinuierliche Verbesserung des Datenschutzes und der Datensicherung sein.[26] Bisher bestehen für die Datenverarbeiter keine Anreize, eigene Anstrengungen zur Verbesserung des Datenschutzes und der Datensicherung zu ergreifen.[27] Das Datenschutzaudit ermöglicht, solche Anstrengungen zu dokumentieren, zu prüfen und zu prämieren, und schafft dadurch einen Marktanreiz, sie zu ergreifen. Es sollte sich daher nicht darauf beschränken, nur die Einhaltung der Datenschutzregelungen zu überprüfen. Diese einzuhalten, ist ohnehin jeder

---

22   S. zum innerbetrieblichen Gesetzesvollzug durch das Umweltschutzaudit z.B. Köck, JZ 1995, 647.

23   Z.B. die freiwillige Teilnahme versus die Durchsetzung von Kontrollen nach §§ 24, 38 Abs. 1 - 4 BDSG.

24   Z.B. Nichtbestätigung der Datenschutzerklärung versus Beanstandungen und Anordnungen nach §§ 25, 38 Abs. 5 BDSG.

25   Art. 3 lit a) der EG-UAVO.

26   So auch Berliner Datenschutzbeauftragter 1997, 134; Roßnagel, DuD 1997, 507; Königshofen, DuD 1999, 266 ff.; Bundesregierung, BT-Drs. 14/1191, 14.

27   Von Datensicherungsmaßnahmen zum Schutz eigener wirtschaftlicher Interessen abgesehen.

verpflichtet. Zwar wird diese Einhaltung im Datenschutzaudit erstmals durchgängig intern kontrolliert und extern durch Stichproben überprüft, doch darf das Bestehen dieser Kontrolle allein noch nicht zu einer besonderen Auszeichnung der kontrollierten datenverarbeitenden Stelle führen. Diese ist gerechtfertigt durch überobligationsmäßige Anstrengungen, die das Unternehmen über den gesetzlichen Minimalstandard hinaus unternimmt.

1.1.4 Datenschutzaudit als Lernsystem

Das Ziel einer kontinuierlichen Verbesserung kann das Datenschutzaudit nur erreichen, wenn es als ein Lernsystem verstanden wird. Wie beim Umweltschutzaudit sollte auch im Datenschutz der Regelungsschwerpunkt auf der Normierung des „Lernprozesses" des Datenschutzmanagementsystems liegen.[28] Dieser Lernprozess wird dadurch strukturiert, dass der Datenverarbeiter in einer umfassenden Betriebsprüfung eine Bestandsaufnahme der Verarbeitung personenbezogener Daten erstellt und die hierfür relevanten Anforderungen des Datenschutzrechts zusammenträgt. Schon allein die dadurch angestoßene Vermehrung und Verbreitung des Wissens um die organisatorischen, technischen und gesetzlichen Rahmenbedingungen, in denen sich die Datenverarbeitung vollzieht, stellt einen positiv zu wertenden Erfolg dar.[29] Die Erkenntnisse aus dieser Bestandsaufnahme fließen in Datenschutzprogramme ein, für die konkrete Ziele, Maßnahmen und Fristen festzulegen sind. Nach Ablauf der Frist wird die Umsetzung dieser Programme überprüft und führt zu deren Fortschreibung. In diese gehen positive und negative Erfahrungen mit der Umsetzung bisheriger Datenschutzmaßnahmen ein, die in reflektierter Form die nächsten Verbesserungsschritte bestimmen. Mit der Strukturierung eines solchen Lernprozesses würde in den Datenschutz ein neues förderliches Element eingefügt. Zwar kann auch der betriebliche Datenschutzbeauftragte als Teil eines betrieblichen Lernsystems verstanden werden. Doch beschränkt sich bei ihm die rechtliche Normierung auf die Institutionalisierung (Bestellungspflicht). Nach der gesetzlichen Zielsetzung bleibt es dem Innenverhältnis zwischen dem Unternehmen und dem Betriebsbeauftragten überlassen, sowohl das Verfahren als auch den Erfolg des innerbetrieblichen Lernprozesses selbst

---

[28] S. für das Umweltschutzaudit z.B. Hemmelskamp/Neuser/Zehnle, ZEW-Wirtschaftsanalysen 1994, 207; Köck, JZ 1995, 646; Schmidt-Preuß 1997a, 1168.

[29] S. für das Umweltschutzaudit ähnlich Führ 1996, 247.

auszugestalten. Das Datenschutzaudit müsste darüber deutlich hinausgehen, indem es den Lernprozess strukturiert und über die Belohnung eines bestimmten „Lernerfolgs" diesen indirekt mitnormiert.

1.2 Kurze Geschichte des Datenschutzaudits

Die Idee eines Datenschutzaudits geht zurück auf das Umweltschutzaudit, das in Form einer Verordnung der Europäischen Gemeinschaft[30] und in Form einer Techniknorm der International Standardization Organisation (ISO)[31] geregelt ist. Beide Regelungen des Umweltschutzaudits haben ihre Wurzel in Techniknormen für Qualitätsmanagement in Unternehmen. Für dieses wurde in der ISO-Norm 9.000 und ihrer Normenreihe 1987 eine weltweit gültige Norm geschaffen.[32] Diese Normen für Qualitätsmanagement wurden 1992 durch die britische Norm BS 7775[33] für die Auditierung von Umweltschutzmanagementsystemen konkretisiert und fortentwickelt. Die britische Norm war die Grundlage für die rechtliche Regelung des Umweltschutzaudits in der Verordnung der Europäischen Gemeinschaft von 1993.[34] Eine weltweite, europäische oder nationale Norm zur Regelung eines Datenschutzaudits ist nicht bekannt.[35]

Die Einführung eines Datenschutzaudits im späteren MDStV geht zurück auf einen Vorschlag der „Projektgruppe verfassungsverträgliche Technikgestaltung (provet)", den diese unter Leitung des Verfassers im Rahmen eines Gutachtens „Vorschläge zur Regelung von Datenschutz und Rechtssicherheit in Online-Multimedia-Anwendungen" für das Bundesministerium für Bildung, Wissenschaft, Forschung und Technologie unterbreitet

---

[30]   EG-Verordnung "über die freiwillige Beteiligung gewerblicher Unternehmen an einem Gemeinschaftssystem für das Umweltmanagement und die Umweltbetriebsprüfung" (EG-UAVO), Nr. 1836/93 des Rates vom 29.6.1993, EG-ABl. Nr. L 168/1.

[31]   ISO EN DIN 14.000 vom Oktober 1996 sowie weitere Normen der 14.000er Reihe.

[32]   Die Normen der Reihe ISO 9.000 wurde 1994 novelliert. S. zur Geschichte des Qualitätsmanagements und der -Normenreihe ISO 9.000 Wilhelm, DuD 1995, 330.

[33]   Standardization of Environmental Management Systems.

[34]   S. hierzu z.B. Lechelt 1998, 17 ff.; Theuer 1998, 56f.; Schottelius, BB 1997, Beilage 2, 8 ff.; Scherer, NVwZ 1993, 11f.; Sellner/Schnutenhaus, NVwZ 1993, 928f.; Rhein 1996, 11 ff.

[35]   Ebenso Königshofen, DuD 1999, 266 ff.

hat.[36] Aufgrund dieses Vorschlags[37] war das Datenschutzaudit in den ersten Entwürfen[38] (§ 13 Teledienstegesetz – TDG)[39] des Informations- und Kommunikationsdienste-Gesetzes (IuKDG) enthalten. Auch der parallel zum IuKDG erarbeitete Mediendienste-Staatsvertrag (MDStV) sah wortgleich in § 17 die Möglichkeit eines Datenschutzaudits vor.

Während der MDStV diese Vorschrift beibehielt, war sie in der am 15.12.1996 von der Bundesregierung beschlossenen Fassung des IuKDG[40] überraschender Weise[41] nicht mehr zu finden. Eine offizielle Begründung hierfür wurde nicht gegeben.[42] Im Bundestag vertrat der FDP-Abgeordnete Laermann die Ansicht, das Datenschutzaudit sei zu begrüßen. Es könne jedoch freiwillig durchgeführt werden. „Wir wollen nicht alles überregulieren".[43] Vermutet wurde, dass die Bundesregierung sich mangels Vorlage eines Ausführungsgesetzes noch nicht entschließen konnte, eine entsprechende Vorschrift in ihren Entwurf aufzunehmen.[44] Diese Zurückhaltung bedeutete jedoch nicht, dass die Bundesregierung

---

[36]   Das Gutachten stammt vom 15.2.1996 - s. provet 1996-; der Vorschlag eines Datenschutzaudits befand sich bereits im Eckwerte-Papier zum Gutachten vom 15.12.1995. Eine JURIS-Recherche ergab keine Erwähnung des Datenschutzaudits vor diesem Zeitpunkt. Etwa zur gleichen Zeit wurde auch von Königshofen eine ähnliche Idee („Datenschutz-Gütesiegel") entwickelt – s. Königshofen, DuD 1999, 267f. -, ohne sie allerdings zu publizieren. Der Hinweis von Königshofen, die Idee des „Datenschutz-Gütesiegels" sei schon früher z.B. bei Hassemer, DuD 1995, 449, diskutiert worden, ist unzutreffend. Dort heißt es nur: „Es ist jetzt auch die Akzeptanz der neuen Technologien bei Käufern und Wählern, welche auf die datenschutzrechtliche Unbedenklichkeit wie ein Gütesiegel aufmerksam machen könnte".

[37]   S. provet 1996, § 11 des vorgeschlagenen Multimedia-Datenschutz-Gesetzes.

[38]   S. den ersten Referentenentwurf vom 28.6.1996.

[39]   Die Datenschutzvorschriften waren damals noch nicht in einem eigenen TDDSG zusammengefaßt, sondern Teil des TDG.

[40]   BR-Drs. 966/96; BT-Drs. 13/3385.

[41]   Bachmeier, DuD 1996, 672, stellte noch im November 1996 darüber „keinen politischen Streit" fest und rechnete fest mit der Verabschiedung der Vorschrift im IuKDG.

[42]   Unverständnis über die Streichung äußert der Berliner Datenschutzbeauftragte 1997, 135. In ihrem Evaluationsbericht zum IuKDG vom 18.6.1999 BT-Drs. 14/1191, 14, nennt die Bundesregierung als Grund für die vorübergehende Zurückstellung einer Regelung des Datenschutzaudits, daß sie im Rahmen der Evaluierung näher beleuchten lassen wollte, welche Aspekte eines Datenschutzaudits einer gesetzlichen Regelung bedürfen.

[43]   BT-Sten.Ber. 13/16352 (D) vom 13.6.1997.

[44]   So z.B. Bizer 1997, 149; ähnlich Gounalakis/Rhode, K&R 1998, 328; Garstka, DVBl 1998, 988.

das Instrument des Datenschutzaudits verworfen hätte. Vielmehr wurde es weiterhin in den zuständigen Ministerien diskutiert.[45]

In den parlamentarischen Beratungen zum IuKDG setzten sich sowohl der Bundesrat[46] als auch die Bundestagsfraktion der SPD[47] für die Aufnahme eines Datenschutzaudits in das TDDSG ein und versuchten, in diesem Punkt den Gleichklang zwischen TDDSG und MDStV[48] wieder herzustellen. Auch viele Stellungnahmen zur öffentlichen Anhörung vor dem Bundestags-Ausschuss für Bildung, Wissenschaft, Forschung, Technologie und Technikfolgenabschätzung sprachen sich für eine Aufnahme des Datenschutzaudits in das TDDSG aus.[49] So äußerste sich der VDMA/ZVEI grundsätzlich positiv: „Ein Datenschutzaudit könnte, vorausgesetzt es erfolge auf freiwilliger Basis, durchaus sinnvoll sein."[50] Noch entschiedener äußerte sich die Gesellschaft für Datenschutz und Datensicherheit (GDD) und begrüßte „ausdrücklich die Implementierung eines Datenschutzaudits im IuKDG.[51] Auch der Hamburger Datenschutzbeauftragte hielt die Aufnahme einer Bestimmung zum Datenschutzaudit für „sinnvoll".[52]

Der MDStV[53] hat das Datenschutzaudit in seinem § 17 wie folgt geregelt:

> *„Zur Verbesserung von Datenschutz und Datensicherheit können Anbieter von Mediendiensten ihr Datenschutzkonzept sowie ihre technischen Einrichtungen durch unabhängige und zugelassene Gutachter prüfen und bewerten lassen. Die näheren Anforderungen an die Prüfung und Bewertung, das Verfahrens sowie die Auswahl und Zulassung der Gutachter werden durch besonderes Gesetz geregelt."*

Ein Gesetz, wie es § 17 Abs. 2 MDStV ankündigt, ist bisher noch nirgendwo erlassen worden. Auch ist bisher weder die Arbeit an

---

45 S. Engel-Flechsig, DuD 1997, 15; s. auch die Regelung eines Datenschutzaudits im Entwurf eines neuen BDSG vom 11.3.1999 und in den folgenden Entwürfen.

46 S. BT-Drs. 13/7835, 57.

47 S. Entschließungsantrag der SPD-Bundestagsfraktion, BT-Drs. 13/7936, 5.

48 S. hierzu näher Roßnagel 1999, Einführung, Rn. 17 ff.

49 S. zu den Argumenten Kap. 1.3.

50 Schriftliche Stellungnahme des ZVMA/ZVEI zum IuKDG vom 14.5.1997.

51 Schriftliche Stellungnahme der GDD zum IuKDG vom 14.5.1997.

52 Schriftliche Stellungnahme des Hamburger Datenschutzbeauftragten zum IuKDG vom 14.5.1997.

53 Der MDStV ist am 1.8.1997 in Kraft getreten.

einem solchen Entwurf noch gar der Entwurf eines solches Gesetzes bekannt.

Weder in der Begründung zum MDStV noch in den Stellungnahmen,[54] die während des Gesetzgebungsprozesses zum Datenschutzaudit abgegeben worden waren, wurden konkrete Vorstellungen darüber entwickelt, wie ein Datenschutzaudit aussehen könnte. Nirgendwo zu finden sind Konzepte zum Anwendungsbereich, zum Gegenstand, zum Verfahren und zu den Bewertungskriterien eines Datenschutzaudits.

Erstmals konkretisiert wurde das Konzept eines Datenschutzaudits vom Verfasser am 13.5.1997 auf dem 14. RDV-Forum in Köln. Dieser Vortrag erschien in ausgearbeiteter Form im September 1997.[55] Im Rahmen der Umsetzung und Evaluierung des IuKDG wurde dieses Konzept auf der ersten Fachveranstaltung des Bundesministeriums für Bildung, Wissenschaft, Forschung und Technologie „Chancen für die Wirtschaft, Erwartungen an die Verwaltung und Gesetzgebung" am 8.12.1997 in Bonn vorgestellt.[56] Seither wurde es wiederholt vorgetragen[57] und mit jeweils unterschiedlicher Schwerpunktsetzung publiziert.[58]

Die Idee eines Datenschutzaudits wurde im politischen Raum vielfach aufgegriffen und als Bestandteil eines modernen Datenschutz-Konzepts eingefordert. Prominente Beispiele hierfür sind:

- Der Sachverständigenrat „Schlanker Staat" empfahl, die im Umweltbereich bereits erprobte Auditierung auch in anderen Bereichen – unter anderem dem Datenschutz – einzusetzen.[59]

---

[54] Diese waren durchweg positiv.

[55] Roßnagel, DuD 1997, 505.

[56] S. Roßnagel 1997, 45.

[57] Z.B. am 12.5.1998 vor dem Arbeitskreis Datenschutzaudit Multimedia in Bonn, am 28.11.1998 auf der Tagung der Landesdatenschutzbeauftragten Nordrhein-Westfalen und des Instituts für Informations-, Telekommunikations- und Medienrecht der Universität Münster „Neue Instrumente im Datenschutz" in Münster, am 5.2.1999 vor dem Fachbereich Multimediaplattform des Verbands Privater Rundfunk und Telekommunikation (VPRT) in Frankfurt und am 26.10.1999 auf dem Internationalen Symposium „Informationsfreiheit und Datenschutz" des Landesdatenschutzbeauftragten Brandenburg und der Alcatel-Stiftung in Potsdam.

[58] S. Roßnagel 1998a, 68; Roßnagel, MMR 1998, Heft 9, VII; Roßnagel, AgV-Forum 1/1999, 36; Roßnagel 1999a, i.E.

[59] Sachverständigenrat „Schlanker Staat" 1997, 92.

- Die 54. Konferenz der Datenschutzbeauftragten des Bundes und der Länder vom 23./24.10.1997 forderte zur Anpassung des Datenschutzrechts an die heutige Informationstechnologie und die Verhältnisse der modernen Informationsgesellschaft unter anderem „mehr Transparenz für die Verbraucher und mehr Eigenständigkeit für die Anbieter durch Einführung eines Datenschutzaudits".

- Die Enquete-Kommission des Deutschen Bundestags „Zukunft der Medien in Wirtschaft und Gesellschaft – Deutschlands Weg in die Informationsgesellschaft": empfahl in ihrem Vierten Zwischenbericht zum Thema „Schutz und Sicherheit im Netz", „die Möglichkeit einer Auditierung auch im Datenschutzrecht vorzusehen".[60] Da ein Datenschutzaudit bisher nur in § 17 MDStV vorgesehen ist, fordert die Enquete-Kommission den Gesetzgeber dazu auf, „die Praxis in den Bundesländern zu beobachten und gegebenenfalls ein Datenschutzaudit auch im Bundesrecht vorzusehen."[61]

- Auf dem 62. Deutschen Juristentag im September 1998 in Bremen wurde in der Abteilung Öffentliches Recht unter anderem der Beschluss gefasst: „Ein Eckpfeiler der Neuregelung sind technischer Selbstschutz und Selbstregulierungen (z.B. Datenschutzaudit, Codes of Conduct)."[62] Bereits in dem Gutachten, das die Verhandlungen zum Datenschutz auf dem 62. Deutschen Juristentag vorbereitet hatte, war das Datenschutzaudit als Mittel der Selbstregulierung empfohlen worden.[63]

- Ebenfalls im September veröffentlichte der Vorsitzende der Enquete-Kommission des Deutschen Bundestags „Zukunft der Medien in Wirtschaft und Gesellschaft" und spätere Parlamentarische Staatssekretär im Bundesministerium für Wirtschaft und Technologie Siegmar Mosdorf sein Gutachten zu „Bausteinen für einen Masterplan für Deutschlands Weg in die Informationsgesellschaft". In diesem forderte er ein Datenschutzaudit als notwendige Infrastrukturleistung, um den

---

60   Enquete-Kommission „Zukunft der Medien in Wirtschaft und Gesellschaft - Deutschlands Weg in die Informationsgesellschaft", BT-Drs. 13/11002, 108.

61   Enquete-Kommission „Zukunft der Medien in Wirtschaft und Gesellschaft - Deutschlands Weg in die Informationsgesellschaft", BT-Drs. 13/11002, 104.

62   Beschluß Nr. 7, angenommen mit 42:1:2 Stimmen.

63   S. Kloepfer 1998, 101 ff.

in der Informationsgesellschaft erforderlichen Datenschutz und die unverzichtbare Datensicherheit zu gewährleisten.[64]

- Im Oktober 1998 wurde von den SPD-Bundestags-Abgeordneten Ute Vogt und Jörg Tauss der Entwurf für ein Eckwertepapier der SPD-Bundestagsfraktion mit dem Titel „Modernes Datenschutzrecht für die (globale) Wissens- und Informationsgesellschaft" vorgelegt. In diesem wurde als Teil der Modernisierung des Datenschutzrechts die Einführung eines Datenschutzaudits angeregt.[65]

- In ihren „10 Punkten für einen Politikwechsel zum wirksameren Schutz der Privatsphäre" haben die Datenschutzbeauftragten Berlins, Brandenburgs, Bremens, Nordrhein-Westfalens und Schleswig-Holsteins an die neue Bundesregierung unter anderem appelliert, die Datenschutzgesetze durch die Einführung eines Datenschutzaudits zu modernisieren.[66]

- In ihrem Evaluationsbericht zum IuKDG vom 18.6.1999 kündigte die Bundesregierung an, die inhaltlichen Anforderungen an ein Datenschutzaudit und die Ausgestaltung des Auditverfahrens in einem Ausführungsgesetz zu regeln.[67]

- In dem am 22. September 1999 beschlossenen Aktionsprogramm der Bundesregierung „Innovation und Arbeitsplätze in der Informationsgesellschaft des 21. Jahrhunderts" ist die Einführung eines Datenschutzaudits angekündigt:[68]

> *„Die Selbstverantwortung des Datenverarbeiters für den Datenschutz soll durch die Einführung eines Datenschutzaudits gestärkt werden, in dem Anbieter auf freiwilliger Basis ihr Datenschutzkonzept und ihre technischen Einrichtungen durch unabhängige Gutachter prüfen und bewerten lassen sowie das Ergebnis der Prüfung veröffentlichen können. Dadurch soll eine Stimulierung des Wettbewerbs sowie die Sicherstellung einer kontinuierlichen*

---

[64] Mosdorf 1998, 24.

[65] Vogt/Tauss 1998, 19.

[66] Die 10 Punkte sind z.B. abgedruckt in DuD 1999, 68.

[67] Bundesregierung, BT-Drs. 14/1191, 14.

[68] Nachdem das diesem Text zugrundliegende Gutachten und der darauf aufbauende Gesetzentwurf beim Bundesministerium für Wirtschaft und Technologie abgegeben worden war.

Verbesserung des Datenschutzes und der Datensicherung durch die beteiligten Unternehmen erreicht werden. "[69]

Inzwischen gibt es auch aus der Wirtschaft und der Wissenschaft mehrere Stellungnahmen zum Datenschutzaudit.[70] Auf Tagungen kommerzieller Kongressveranstalter zum Thema Datenschutz ist es zu einem festen Bestandteil des Programms geworden.

Zur Etablierung des Datenschutzaudits wurden neben der erfolgten Regulierung im MDStV drei weitere Regelungsinitiativen unternommen und im Landesdatenschutzgesetz Brandenburg sogar eine Programmnorm für ein Datenschutzaudit aufgenommen.

Am 14.11.1997 hat die Fraktion BÜNDNIS 90/DIE GRÜNEN einen Gesetzentwurf zu einem neuen Bundesdatenschutzgesetz in den Bundestag eingebracht,[71] in dem in § 17 ein Datenschutzaudit vorgesehen war. Diese Vorschrift ist nahezu wortgleich mit § 17 MDStV und lautet:

> *„Zur Verbesserung des Datenschutzes und der Datensicherheit können Anbieter von Datenverarbeitungssystemen und -programmen ihr Datenschutzkonzept sowie ihre technischen Einrichtungen durch unabhängige und zugelassene Gutachter prüfen und bewerten lassen sowie das Ergebnis der Prüfung veröffentlichen. Die näheren Anforderungen an die Prüfung und Bewertung, das Verfahrens sowie die Auswahl und Zulassung der Gutachter werden durch besonderes Gesetz geregelt."*

Am 30.10.1998 legte der Landesbeauftragte für den Datenschutz in Schleswig-Holstein den Entwurf eines neuen Landesdatenschutzgesetzes vor, in dessen § 34 Abs. 3 ein Datenschutzaudit vorgesehen ist. Die Vorschrift lautet:

> *„Datenverabeitende Stellen können ihr Datenschutzkonzept durch die Landesbeauftragte oder den Landesbeauftragten für den Datenschutz prüfen und beurteilen lassen. Das Nähere regelt die Verordnung nach § 5 Absatz 4."* [72]

Durch die Vorabprüfung soll den datenverarbeitenden Stellen im öffentlichen Bereich die Sicherheit geboten werden, „vom Kon-

---

[69]   Bundesregierung 1999, 49f.

[70]   S. hierzu die in Kap. 1.3 und im Literaturverzeichnis genannte Literatur.

[71]   BT-Drs. 13/9082.

[72]   Landesbeauftragter für den Datenschutz Schleswig-Holstein, LT-Drs. 14/1738, 80.

zept her für eine rechtmäßige Datenverarbeitung gesorgt zu haben".[73]

In Brandenburg ist am 21.12.1998 eine Programmnorm zum Datenschutzaudit sogar Gesetz geworden.[74] Die Vorschrift des § 11c des neuen Landesdatenschutzgesetzes lautet:

> *„Die öffentlichen Stellen können zur Verbesserung von Datenschutz und Datensicherheit sowie zum Erreichen größtmöglicher Datensparsamkeit ihr Datenschutzkonzept sowie ihre technischen Einrichtungen durch unabhängige und zugelassene Gutachter prüfen und bewerten sowie das Ergebnis der Prüfung veröffentlichen lassen. Sie können auch bereits geprüfte und bewertete Datenschutzkonzepte und -programme zum Einsatz bringen. Die näheren Anforderungen an die Prüfung und Bewertung, das Verfahren sowie die Auswahl und Zulassung der Gutachter werden durch besonderes Gesetz geregelt."*

Umsetzungsregelungen, die erst eine Durchführung von Datenschutzaudits ermöglichen, fehlen aber auch hier.

Im Entwurf eines „Vierten Staatsvertrags zur Änderung rundfunkrechtlicher Staatsverträge"[75] sind die Datenschutzregelungen für den Rundfunk an die Regelungen des TDDSG und des MDStV angelehnt. Entsprechend der Regelung in § 17 MDStV ist in § 47e für Rundfunkveranstalter ebenfalls die Möglichkeit eines freiwilligen Datenschutzaudits vorgesehen. Diese Vorschrift lautet:

> *„Zur Verbesserung von Datenschutz und Datensicherheit können Veranstalter ihr Datenschutzkonzept sowie ihre technischen Einrichtungen durch unabhängige und zugelassene Gutachter prüfen und bewerten sowie das Ergebnis der Prüfung veröffentlichen lassen. Die näheren Anforderungen an die Prüfung und Bewertung, das Verfahrens sowie die Auswahl und Zulassung der Gutachter werden durch besonderes Gesetz geregelt."*

Auch dieser Entwurf enthält keine näheren Regelungen zur Ausgestaltung des Datenschutzaudits, sondern verschiebt die Realisierung dieser Programmnorm auf einen zukünftigen Zeitpunkt.

Für die Realisierung eines Datenschutzaudits von besonderer Bedeutung dürfte sein, dass das Bundesinnenministerium am

---

[73]   Landesbeauftragter für den Datenschutz Schleswig-Holstein, LT-Drs. 14/1738, 80.

[74]   GVBl. I, 243.

[75]   Stand 31.3.1999.

11.3.1999 einen Entwurf eines neuen BDSG vorgelegt hat, der eine Programmnorm für ein Datenschutzaudit vorsieht. Diese wurde in den folgenden Fassungen der Novellierungsentwürfe beibehalten. § 9a BDSG-E lautet:

> *„Zur Verbesserung des Datenschutzes und der Datensicherheit können Anbieter von Datenverarbeitungssystemen und -programmen und datenverarbeitende Stellen ihr Datenschutzkonzept sowie ihre technischen Einrichtungen durch unabhängige und zugelassene Gutachter prüfen und bewerten lassen sowie das Ergebnis der Prüfung veröffentlichen. Die näheren Anforderungen an die Prüfung und Bewertung, das Verfahrens sowie die Auswahl und Zulassung der Gutachter werden durch besonderes Gesetz geregelt.“*

Damit übernimmt der Bund weitgehend die Formulierung des § 17 MDStV. Sie wurde lediglich um die „datenverarbeitenden Stellen" als mögliche Adressaten des Datenschutzaudits erweitert. Allerdings wird durch eine Regelung im BDSG der Anwendungsbereich des Datenschutzaudits auf alle Anbieter von Datenverarbeitungssystemen und -programmen und datenverarbeitende Stellen ausgeweitet.

Inzwischen wurde das Datenschutzaudit nicht nur in politischen Stellungnahmen gefordert und in rechtlichen Regelungen angekündigt. Vielmehr gibt es bereits eine Reihe von Aktivitäten, Datenschutz-Prüfungen praktisch ein- oder durchzuführen:

- Die Deutsche Telekom AG führt seit 1996 unternehmenseigene Datenschutzaudits durch.[76] Im Jahr 1997 wurde das Verfahren in einem Pilotversuch in 16 Betrieben mit insgesamt 20.000 Beschäftigten getestet und im Jahre 1998 flächendeckend bei allen 118 Niederlassungen durchgeführt. Nach Festlegung und Bekanntmachung eines Datenschutzkonzepts durch die Unternehmensspitze wurden Bestandsaufnahmen, Zielsetzungen, Schulungen, Arbeitsanweisungen, Schutz-, Sicherheits- und Kontrollmaßnahmen durchgeführt und hierüber Datenschutz-Berichte für die einzelnen Organisationseinheiten verfasst. Für zehn Qualitätsmerkmale wurden mehrere messbare „Indikatoren" definiert und mit deren Hilfe die Berichte bewertet. Durch die Messung dieser „Datenschutz-Qualitätsparameter" konnte festgestellt werden, inwieweit die Organisationseinheiten die selbstgewählten Sollgrößen erreicht haben. Durch die trans-

---

[76]   S. hierzu ausführlich Königshofen, DuD 1999, 266 ff.

parenten und vergleichbaren Messgrößen wurden entsprechende Anstrengungen der Organisationseinheiten veranlasst und praktisch automatisch ein kontinuierlicher Verbesserungsprozess erzielt („What gets measured gets done").[77]

- Auf Initiative des Datenschutzbeauftragten der Deutschen Telekom AG hat sich am 9.12.1997 der Arbeitskreis „Datenschutzaudit Multimedia" konstituiert.[78] An ihm beteiligen sich Experten von Nutzern, Beratern, Service- und Content-Providern, Netzbetreibern, Software- und Systemlieferanten, Datenschutzbeauftragte, Vertreter des Bundesamts für Sicherheit in der Informationstechnik (BSI), von Ministerien, Gewerkschaften und Verbänden sowie Sachverständige aus der Wissenschaft. Der Arbeitskreis setzte sich zum Ziel, Empfehlungen (Guidelines) zur Erarbeitung von Datenschutz-Konzepten,[79] zur technisch-organisatorischen Umsetzung dieser Konzepte sowie zur Evaluierung und Zertifizierung (Auditierung) von Produkten und Anbietern im Bereich digitaler Rundfunk-, Medien-, Tele- und Telekommunikationsdienste zu erstellen. Im Dezember 1998 beschloss der Arbeitskreis einen Entwurf für „Prinzipien und Leitlinien für den Datenschutz in Multimedia-Diensten" und stellte ihn zur Diskussion.[80]

- Der Arbeitskreis „Datenschutzbeauftragte" im Verband der Metallindustrie Baden-Württemberg (VMI) hat sich intensiv mit den Vor- und Nachteilen eines Datenschutzaudits aus der Sicht metallverarbeitender Unternehmen befasst. Er gelangte zu dem Ergebnis, dass ein freiwilliges Datenschutzaudit „bei einer entsprechend pragmatischen und praxisorientierten Gestaltung" von der Wirtschaft akzeptiert werden wird. Als Bedingungen für eine pragmatische Gestaltung wurden unter anderen genannt, Überbürokratisierung und einen zu hohen administrativen Aufwand zu vermeiden, das Audit auf eine

---

[77] S. hierzu auch Kap. 4.1.

[78] S. Königshofen, DuD 1999, 268; Bundesregierung, BT-Drs. 14/1191, 14.

[79] Prinzipien des Datenschutzes und der Datensicherung - allerdings eng angelehnt an die gesetzlichen Regelungen des BDSG - wurden bereits schon früher in die öffentliche Diskussion gestellt; s. Wächter, DuD 1995, 465 ff., der auch auf die Erarbeitung einer „Corporate Policy" im Bereich Datenschutz und -sicherheit eingeht (469 ff.).

[80] S. die Dokumentation der Prinzipien und Leitlinien in DuD 1999, 285 ff.; s. auch <http://www.silene.com/gdd/gdd8.html#multimedia>, <http://www.oetb.de/mulimed.htm> und <http://www.uni-kassel.de/fb10/oeff_recht/>.

Rechtmäßigkeitsprüfung zu begrenzen, den betrieblichen Datenschutzbeauftragten in geeigneter Weise einzubeziehen und die Arbeitnehmervertretung rechtzeitig zu beteiligen.[81]

- An der Fachhochschule Frankfurt am Main untersucht ein Projektteam in Kooperation mit der Deutschen Postgewerkschaft seit Januar 1999 in dem zweijährigen Diskursprojekt mit der Kurzbezeichnung „quid!" die Möglichkeiten, ein Gütesiegel für Qualität im betrieblichen Datenschutz einzuführen.[82] Ziel des Gütesiegels soll vor allem sein, die Rechtmäßigkeit der betrieblichen Datenverarbeitung zu gewährleisten.

1.3   Das Datenschutzaudit in der Diskussion

Schon kurz nach Propagierung der Idee eines Datenschutzaudits in dem provet-Gutachten und in den ersten Entwürfen zum IuKDG und MDStV wurden dem Datenschutzaudit viele Vorschusslorbeeren erteilt. Da noch kein Konzept für ein Datenschutzaudit vorlag, bezogen sich die hohen Erwartung und das breite Lob auf das Datenschutzaudit als einen neuen Gedanken in der Datenschutzdiskussion. Die positiven Reaktionen auf den Vorschlag eines Datenschutzaudits bringen damit vor allem Hoffnungen zum Ausdruck, die mit diesem neuen und ergänzenden Ansatz verbunden werden.

Aufgrund der großen Defizite des geltenden Datenschutzrechts wurde die Idee eines Datenschutzaudits bisher überwiegend positiv aufgenommen.[83] Es wird nicht nur für Multimedia-Dienste,[84] sondern auch außerhalb dieses Bereichs für den Datenschutz allgemein erörtert.[85] Mit ihm wurde „ein völlig neuer Gedanke in die traditionelle Datenschutzdiskussion eingeführt".[86] Zukünftig

---

81   S. Arbeitskreis „Datenschutzbeauftragte" im Verband der Metallindustrie Baden-Württemberg (VMI), DuD 1999, 281 ff.

82   Das Projekt wird im Rahmen der Gemeinschaftsinitiative ADAPT der Europäischen Union gefördert.

83   S. z.B. Ulrich, DuD 1996, 668; Bachmeier, DuD 1996, 673.; Engel-Flechsig, DuD 1997,15;. Engel-Flechsig, RDV 1997, 66; Berliner Datenschutzbeauftragter 1997, 134f.; Bizer 1997, 149.

84   So z.B. Bundesrat, BT-Drs. 13/7385, 57; Roßnagel 1997, 45 ff.

85   S. z.B. Berliner Datenschutzbeauftragter 1997, 134; Bundestags-Fraktion BÜNDNIS 90/DIE GRÜNEN, BT-Drs. 13/9082; Landesbeauftragter für den Datenschutz Schleswig-Holstein, LT-Drs. 14/1738, 13; Vogt/Tauss 1998, 19.

86   Bachmeier, DuD 1996, 673.

wird es „ein wesentlicher Bestandteil eines modernen Datenschutzkonzepts" sein.[87]

Die Stellungnahmen erwarten, dass das Datenschutzaudit durch die Möglichkeit einer freiwilligen Auditierung zur Stärkung der Selbstkontrolle und zur Stimulierung des Wettbewerbs beiträgt.[88] „Ein Datenschutzaudit' könnte als Qualitätsmerkmal auf freiwilliger Basis eine positive Differenzierung des Leistungsangebots eines Wettbewerbers ergeben."[89] Der Gedanke des Datenschutzaudits „spiegelt das Bedürfnis vieler Wirtschaftsunternehmen, auch auf diesem Gebiet Wettbewerbs bzw. Alleinstellungsmerkmale zu entwickeln, wider".[90] Die Enquete-Kommission „Zukunft der Medien in Wirtschaft und Gesellschaft" hält „die Möglichkeit eines Datenschutzaudits für einen guten Weg, einen Anreiz für die Hersteller auf dem Gebiet der Informations- und Kommunikationstechnik zu schaffen, ihre Produkte einer Kontrolle von Datenschutz- und Datensicherheitsfunktionen zu unterwerfen".[91] Das Datenschutzaudit könnte „die Wahrnehmung von Datenschutzfunktionen als ein Qualitätsmerkmal stärken und damit deutlich machen, dass Datenschutz nicht nur als Kostenfaktor für Unternehmen anzusehen ist, sondern längerfristig einen entscheidenden Wettbewerbs- und Standortvorteil darstellen kann".[92]

Das Datenschutzaudit wird als Instrument gesehen, den Einsatz neuer Datenschutztechnik zu stimulieren. Der Staatssekretär im Bundesjustizministerium Lanfermann wie 1998 zum einen darauf hin, dass das TDDSG erstmalig für das Datenschutzrecht der Technikgestaltung durch die datenverarbeitende Stelle Ziele vorgibt. Er sah aber zum anderen, dass sich die daran geknüpfte Erwartung datenschutzfreundlicher Ausgestaltung der Technik durch die datenverarbeitenden Stellen nicht von selbst erfüllen werden. Aus diesem Grund stellte er eine funktionale Verbin-

---

87   Vogt/Tauss 1998, 19; ähnlich 62. Deutschen Juristentag, Beschluß D.7.

88   Vogt/Tauss 1998, 19.

89   Schriftliche Stellungnahme des ZVMA/ZVEI zum IuKDG vom 14.5.1997; Arbeitskreis „Datenschutzbeauftragte" im Verband der Metallindustrie Baden-Württemberg (VMI), DuD 1999, 281 ff.

90   Büllesbach 1997, 36.

91   Enquete-Kommission „Zukunft der Medien in Wirtschaft und Gesellschaft - Deutschlands Weg in die Informationsgesellschaft", BT-Drs. 13/11002, 104.

92   Enquete-Kommission „Zukunft der Medien in Wirtschaft und Gesellschaft - Deutschlands Weg in die Informationsgesellschaft", BT-Drs. 13/11002, 108; ähnlich Hoffmann-Riem, DuD 1998, 687.

dung zwischen den anspruchsvollen neuen Datenschutzanforderungen des TDDSG und dem Instrument des Datenschutzaudits her. Nur über den Ansporn durch ein Datenschutzaudit erwartete er die Umsetzung dieser Anforderungen durch die Unternehmen.[93]

Die Enquete-Kommission „Zukunft der Medien in Wirtschaft und Gesellschaft – Deutschlands Weg in die Informationsgesellschaft" sieht das Datenschutzaudit als Teil der Selbstregulierung, wie sie von Art. 27 der EG-Datenschutzrichtlinie gefordert wird.[94] Diese Verpflichtung begreift sie als „Chance", Selbstregulierung des Datenschutzes „für den Schutz des Rechts auf informationelle Selbstbestimmung fruchtbar zu machen".[95] Für die Enquete-Kommission kann Selbstregulierung „gesetzlichen Detailregelungen im Hinblick auf ihre Akzeptanz, Flexibilität und Wirtschaftlichkeit überlegen sein".[96] Um wirksam zu sein, setzt Selbstregulierung allerdings voraus, dass der Nutzer die Möglichkeit hat, den Umgang von Unternehmen mit seinen personenbezogenen Daten auch zu überprüfen oder überprüfen zu lassen.[97] Ein Datenschutzaudit würde „die Ergebnisse der Selbstregulierung transparent machen können".[98]

Das Datenschutzaudit wäre auch ein geeignetes Instrument, um im Übergang vom „Interventionsstaat" mit seiner Ergebnis- und Erfüllungsverantwortung zu einem Staat, der immer mehr Verantwortung auf Private verlagert, ausreichenden Datenschutz zu gewährleisten. Ein Staat, der sich auf seine „Gewährleistungsverantwortung" beschränkt, könnte die primäre Verantwortung für die Problemlösung im Bereich des Datenschutzes der gesellschaftlichen Eigenverantwortung überlassen, würde aber durch

---

[93]   Lanfermann, RDV 1998, 4.

[94]   Enquete-Kommission „Zukunft der Medien in Wirtschaft und Gesellschaft - Deutschlands Weg in die Informationsgesellschaft", BT-Drs. 13/11002, 108.

[95]   Enquete-Kommission „Zukunft der Medien in Wirtschaft und Gesellschaft - Deutschlands Weg in die Informationsgesellschaft", BT-Drs. 13/11002, 104, 108.

[96]   Enquete-Kommission „Zukunft der Medien in Wirtschaft und Gesellschaft - Deutschlands Weg in die Informationsgesellschaft", BT-Drs. 13/11002, 104; Swire 1997, 3 ff.; Kuitenbrower 1997, 115;

[97]   Enquete-Kommission „Zukunft der Medien in Wirtschaft und Gesellschaft - Deutschlands Weg in die Informationsgesellschaft", BT-Drs. 13/11002, 104; Swire 1997, 15.

[98]   Enquete-Kommission „Zukunft der Medien in Wirtschaft und Gesellschaft - Deutschlands Weg in die Informationsgesellschaft", BT-Drs. 13/11002, 108.

strukturierende Rahmenregelungen für eine gemeinwohlverträgliche Wahrnehmung der Eigenverantwortung sorgen.[99]

Zusätzlich zu den umgesetzten Datenschutzregelungen des TDDSG und des MDStV „können freiwillige Maßnahmen wie ein Datenschutzaudit auch international zu mehr Transparenz sowie einer Verbesserung des Datenschutzes beitragen".[100] Über das Datenschutzaudit könnten ausländische Anbieter von Telediensten in die Bemühungen um eine Verbesserung des Datenschutzes und der Datensicherheit eingebunden werden. Für den Bundesrat „böte sich damit auch die Möglichkeit, auf ausländische Anbieter von Telediensten Einfluss zu nehmen, die sich im Wettbewerb mit deutschen Anbietern veranlasst sehen könnten, entsprechende Bewertungen ihres Datenschutzkonzepts einzuholen".[101]

Das Datenschutzaudit wird auch als eine wichtige Orientierungshilfe für die Nutzer von Telediensten gesehen, die deren Entscheidungsfindung unterstützen kann.[102] Es würde „dem Nutzer die Überprüfung des Umgangs eines Unternehmens mit personenbezogenen Daten ermöglichen"[103] und damit auch zu einer Verbesserung des Verbraucherschutzes in internationalen Netzen beitragen.[104] Ein Datenschutzaudit bietet zugleich „mehr Transparenz für die Verbraucher und mehr Eigenständigkeit für die Anbieter".[105] Daher wird erwartet, dass es zu einem entscheidenden Faktor für die Bildung von Vertrauen in die Fähigkeit von Unternehmen wird, sich den neuen Anforderungen an den Datenschutz und die Datensicherheit zu stellen.[106]

---

[99]   S. für den Datenschutz allgemein z.B. Hofmann-Riem, DuD 1998, 687; s. speziell für Multimediadienste Roßnagel, ZRP 1997, 26 ff.

[100]   Enquete-Kommission „Zukunft der Medien in Wirtschaft und Gesellschaft - Deutschlands Weg in die Informationsgesellschaft", BT-Drs. 13/11003, 28.

[101]   Bundesrat, BT-Drs. 13/7835, 57.

[102]   S. z.B. Roßnagel, AgV-Forum 1999, Heft 1, 36 ff.; Arbeitskreis „Datenschutzbeauftragte" im Verband der Metallindustrie Baden-Württemberg (VMI), DuD 1999, 281 ff.

[103]   Enquete-Kommission „Zukunft der Medien in Wirtschaft und Gesellschaft - Deutschlands Weg in die Informationsgesellschaft", BT-Drs. 13/11002, 104.

[104]   Enquete-Kommission „Zukunft der Medien in Wirtschaft und Gesellschaft - Deutschlands Weg in die Informationsgesellschaft", BT-Drs. 13/11003, 24.

[105]   54. Konferenz der Datenschutzbeauftragten des Bundes und der Länder vom 23./24.10.1997.

[106]   S. Königshofen, DuD 1999, 267.

Das Datenschutzaudit soll das Datenschutzbewusstsein stärken und zur Akzeptanz von Telediensten beitragen.[107] Für den Bundesbeauftragten für den Datenschutz wäre ein Datenschutzaudit „angesichts der technischen Entwicklungen im Bereich der neuen Informations- und Kommunikationsdienste ... eine richtige Antwort auf das gestiegene Datenschutzbewusstsein. ... Das Fehlen eines Qualitätssiegels wie des Audits verhindert oder erschwert demgegenüber die Orientierung, die für eine breite Akzeptanz notwendig ist und die den massenhaften Einstieg ins informationstechnische Zeitalter überhaupt erst ermöglicht."[108]

Dies gilt insbesondere auch für Bedeutung des Datenschutzes in den einzelnen Unternehmen. Die Aufmerksamkeit, die dem Datenschutz durch einen Auditierungsprozeß entgegengebracht wird, geht oft auch mit einem Umdenken bei den Beschäftigten einher, die diesem Thema automatisch einen höheren Stellenwert einräumen. Dieser Effekt wird verstärkt, wenn die oberste Managementebene sich durch die Festlegung einer unternehmensweit verbindlichen Datenschutzpolitik, die für das Audit eine notwendige Voraussetzung ist, zum Datenschutz bekennt. Dies hat direkte positive Auswirkungen auf das Niveau des Datenschutzes im Unternehmen. Da ein Audit kein Einmalvorgang ist, sondern regelmäßig wiederholt werden muss, wird die Kontinuität der Beschäftigung mit dem Gegenstand gefördert und damit der Stellenwert im Unternehmen hoch gehalten. Außerdem werden permanente Lern- und Sensibilisierungseffekte erzielt.[109]

Von der Einführung eines Datenschutzaudits werden auch Entlastungs- und Unterstützungseffekte für die behördliche und betriebliche Datenschutzkontrolle erwartet.[110] Für den Bundesrat spricht für eine Regelung des Datenschutzaudits auch „die Überlegung, dass das Datenschutzaudit ein Element der Selbstkontrolle und eine Ergänzung der Datenschutzkontrolle durch die Datenschutzbeauftragten des Bundes und der Länder sowie die Auf-

---

107 S. Bundesrat, BT-Drs. 13/7385, 57; Arbeitskreis „Datenschutzbeauftragte" im Verband der Metallindustrie Baden-Württemberg (VMI), DuD 1999, 281 ff.

108 Bundesbeauftragter für den Datenschutz 1997, 31.

109 S. Arbeitskreis „Datenschutzbeauftragte" im Verband der Metallindustrie Baden-Württemberg (VMI), DuD 1999, 281 ff.

110 S. z.B. SPD-Bundestagsfraktion, BT-Drs. 13/7936, 5; Enquete-Kommission „Zukunft der Medien in Wirtschaft und Gesellschaft - Deutschlands Weg in die Informationsgesellschaft", BT-Drs. 13/11002, 108; Hoffmann-Riem, DuD 1998, 687.

sichtsbehörden für den Datenschutz im nicht-öffentlichen Bereich sein kann".[111]

Ein Audit erfordert eine systematische Analyse der Prozesse im Unternehmen und führt damit zu einer Aufdeckung latenter Schwachstellen und insgesamt zu einer höheren Transparenz über den bestehenden Datenschutzstandard im Unternehmen.[112] Nach den unternehmensinternen Erfahrungen erwartet der Datenschutzbeauftragte der Telekom AG, dass durch das Datenschutzaudit zumindest die Fehlerquoten innerhalb des Unternehmens minimiert werden und die Sensibilität der Führungskräfte und Mitarbeiter für Fragen des Datenschutzes erheblich gesteigert wird. Ob eine solche Risikominimierung und Qualitätssteigerung für ein Unternehmen sich tatsächlich ergebniswirksam (umsatzsteigernd oder kostensenkend) auswirkt, muss im Einzelfall sicher noch bewiesen werden. Dass es sich aber so auswirken kann, liegt auf der Hand.[113]

Schließlich wurde noch darauf hingewiesen, dass im Zusammenhang mit dem Datenschutzaudit neue Geschäftsfelder geschaffen werden.[114] Sowohl für das interne Audit als auch für die externe Prüfung werden Experten benötigt. Die Kosten, die für die Anbieter von Telediensten mit dem Audit verbunden sind, bewirken bei den Auditierern Einnahmen.

Bisher wurde grundsätzliche Kritik am Datenschutzaudit nur vereinzelt publiziert:[115] Danach wird zum einen die Möglichkeit, ein Datenschutzaudit sinnvoll durchführen zu können, in Frage gestellt. Ein Datenschutzmanagementsystem sei wegen seiner Komplexität, Verzahnung mit anderen Managementsystemen und seiner ständigen Veränderung nur sehr eingeschränkt sinnvoll durch externe Gutachter auditierbar. Außerdem könnte die Einhaltung so komplizierter Rechtsregelungen, wie sie das Datenschutzrecht enthält, nicht sinnvoll durch externe Gutachter überprüft werden. Zum anderen wird kritisiert, das Datenschutzaudit

---

111   Bundesrat, BT-Drs. 13/7385, 57. Die Gesellschaft für Datenschutz und Datensicherung (GDD) erwartet eine Minimierung des Kontrollaufwands für die staatlichen Aufsichtsbehörden, GDD-Mitteilungen 2/99, 4.

112   Arbeitskreis „Datenschutzbeauftragte" im Verband der Metallindustrie Baden-Württemberg (VMI), DuD 1999, 281 ff.

113   S. Königshofen, DuD 1999, 271.

114   S. z.B. Arbeitskreis „Datenschutzbeauftragte" im Verband der Metallindustrie Baden-Württemberg (VMI), DuD 1999, 281 ff.

115   S. Drews/Kranz, DuD 1998, 94.

sei ein „Ansatz einer externen Fremdregulierung". Aus der „formalen Freiwilligkeit" des Datenschutzaudits werde in der Praxis „ein faktischer Zwang" für die Unternehmen, sich an ihm zu beteiligen.[116] Auch wenn diese Kritik bisher nur an einer Stelle veröffentlicht wurde, muss damit gerechnet werden, dass sie eine – insbesondere unter betrieblichen Datenschutzbeauftragten – nicht seltene Grundstimmung zum Ausdruck bringt, die zwischen Reserviertheit und Ablehnung schwankt. Sie beruht vor allem auf der Erfahrung, dass Zertifizierungen des Qualitätsmanagementsystems nach der Normenreihe DIN ISO 9.000 mit einem hohen bürokratischen Dokumentationsaufwand verbunden sei, der dem praktischen Nutzen nicht entspreche.[117]

Dieser Ablehnung des Datenschutzaudits wurde von mehreren Seiten widersprochen.[118] Die ihr zugrundeliegende Kritik thematisiert zwar relevante Problempunkte für die Gestaltung eines Datenschutzaudits,[119] geht aber in ihrer grundsätzlichen Ablehnung zu weit. Jedenfalls wird sie in den meisten Punkten durch die bisherigen Erfahrungen mit unternehmensinternen Datenschutzmanagementsystemen nicht bestätigt.[120] Daher hat sich auch der Arbeitskreis „Datenschutzaudit Multimedia" von dieser Kritik nicht von seiner Zielsetzung abbringen lassen. Die Kritik wurde

---

[116] Dieses Problem sieht auch die Gesellschaft für Datenschutz und Datensicherung, GDD-Mitteilungen 2/99, 3. Diese Argumente entsprechen der vehementen Kritik, die die deutsche Wirtschaft und die Bundesregierung an den ersten Entwürfen zur UAVO geübt haben – s. hierzu Schottelius, BB, Beilage 2, 4f. Als für die Bundesrepublik Deutschland als letzten Mitgliedstaat dann aber die Zustimmung aus allgemeiner Europatreue unvermeidlich war, „erfolgte trotz der vorher betonten Überflüssigkeit des Audit-Systems in Deutschland und dessen Unvereinbarkeit mit dem deutschen Umweltschutz-System ein Umschwenken auf eine nun wiederum fast emphatisch zu nennende positive Einstellung" – Schottelius, BB, Beilage 2, 5. Heute liegen etwa 75% aller Standorte, die nach der UAVO auditiert sind, in der Bundesrepublik Deutschland.

[117] Dieses Problem sieht auch der Arbeitskreis „Datenschutzbeauftragte" im Verband der Metallindustrie Baden-Württemberg (VMI), DuD 1999, 282, trotz seiner letztlich positiven Bewertung eines Datenschutzaudits; ähnlich Gesellschaft für Datenschutz und Datensicherung, GDD-Mitteilungen 2/99, 3.

[118] S. Roßnagel 1998, 45 ff.; Königshofen, DuD 1999, 266 ff.; Arbeitskreis „Datenschutzbeauftragte" im Verband der Metallindustrie Baden-Württemberg (VMI), DuD 1999, 281 ff.

[119] Diese Kritikpunkte werden auch vom Arbeitskreis „Datenschutzbeauftragte" im Verband der Metallindustrie Baden-Württemberg (VMI), s. DuD 1999, 282, erwogen, letztlich aber nicht für durchschlagend erachtet. Ähnlich Gesellschaft für Datenschutz und Datensicherung, GDD-Mitteilungen 2/99, 3f.

[120] S. Königshofen, DuD 1999, 271.

auch im Arbeitskreis „Datenschutzbeauftragte" im Verband der Metallindustrie Baden-Württemberg (VMI) nicht geteilt.[121]

Die Gesellschaft für Datenschutz und Datensicherung hält ein Datenschutzaudit „in dem Umfang (für) sinnvoll, wie es das Prinzip der betrieblichen Selbstkontrolle fördert. In einer Stellungnahme zu § 9a BDSG-E äußert sie zwar einige „erhebliche Bedenken". Sie würde es negativ bewerten, wenn ein Ausführungsgesetz das Audit auf datenverarbeitende Stellen insgesamt erstrecken würde, Unternehmensspezifika bei der Auditierung keine Rolle spielen sollten, eine Übererfüllung gesetzlicher Anforderungen gefordert würde, die Stellung des betrieblichen Datenschutzbeauftragten durch die Ausgestaltung des Audits geschwächt, kleine und mittlere Unternehmen überlastet und das Audit sich auf eine „Momentaufnahme der Datenschutzorganisation" im Unternehmen beschränken sollte. Diese Bedenken würden jedoch relativiert, wenn das Audit auf Systeme, Programme und Dienstleistungen bezogen würde und Unternehmen, die solche anbieten, das Audit als Qualitäts- und Wettbewerbsfaktor im Rahmen ihrer Präsentation und Werbung herausstellen könnten. Die GDD erwartet vom Audit zumindest eine faktische Minimierung des Kontrollaufwands für die staatlichen Datenschutz-Aufsichtsbehörden und die betroffenen Unternehmen.[122]

Bei einer Diskussion mit dem Fachbereich Multimediaplattform des Verbands Privater Rundfunk- und Telekommunikationsanbieter (VPRT) am 5.2.1999 in Frankfurt wurde das Datenschutzaudit grundsätzlich begrüßt. Probleme wurden allerdings darin gesehen, dass die Datenschutzregelungen gerade im Multimediabereich so umfangreich und anspruchsvoll seien, dass sie von den betroffenen Unternehmen nicht oder kaum eingehalten werden könnten.[123] Die Einführung eines Datenschutzaudits müsste mit einer Überarbeitung der Datenschutzanforderungen einhergehen. Auch müsse sich der ökonomische Aufwand für die Durchführung des Audits in einem vertretbaren Rahmen halten.[124] Besorgnis wurde geäußert, dass ein Datenschutzaudit zu Wettbewerbsverzerrungen führen könnte, wenn ausländische Anbieter

---

[121] S. hierzu DuD 1999, 281 ff.

[122] Gesellschaft für Datenschutz und Datensicherung, GDD-Mitteilungen 2/99, 3f.

[123] Ebenso Arbeitskreis „Datenschutzbeauftragte" im Verband der Metallindustrie Baden-Württemberg (VMI), DuD 1999,281 ff.

[124] Ebenso Arbeitskreis „Datenschutzbeauftragte" im Verband der Metallindustrie Baden-Württemberg (VMI), DuD 1999, 281 ff.

am Datenschutzaudit teilnehmen könnten, aber nur an den – in Durchschnitt niedrigeren – Anforderungen ihres Heimatstaats gemessen würden.

Nach einer repräsentativen Umfrage, die das hamburger Freizeit-Forschungsinstitut bei 3000 Personen über 14 Jahren zum Thema Multimedia und Datenschutz durchgeführt hat, sind die Erwartungen gegenüber einem „Datenschutz-Gütesiegel" derzeit noch gespalten. Von den Befragten glauben 31% nicht, dass ein solches „Siegel" viel Sinn macht. Etwa ein weiteres Drittel (30% der Befragten) hat hierzu keine Meinung. Da die Problemlagen des Datenschutzes jedoch erst in den kommenden Jahren deutlich zum Tragen kommen werden, überrascht die Unsicherheit im Antwortverhalten nicht. Die Mehrheit der Bevölkerung ist für die künftigen Problemfelder noch nicht sensibilisiert, da sie noch keinen Kontakt zu den neuen Technologien und ihren möglichen Auswirkungen hatte. Um so erstaunlicher ist, dass die größte Gruppe (38% der Befragten) ein „Datenschutz-Gütesiegel" begrüßen würde. Allerdings würden nur 16% der Befragten das „Datenschutz-Gütesiegel" auch ohne gesetzliche Regelung, etwa nach dem Prinzip des Umweltzeichens, begrüßen. Für den größeren Teil der Zustimmenden (22% der Befragten) ist von wesentlicher Bedeutung, dass zunächst gesetzliche Vorgaben für das „Datenschutz-Gütesiegel" geschaffen werden.[125]

Die Diskussion um ein Datenschutzaudit kann für die Bundesrepublik Deutschland so zusammengefasst werden: Das Datenschutzaudit wird als neues Instrument des Datenschutzes weit überwiegend begrüßt.[126] Es wird vor allem aufgrund seines wettbewerbsorientierten Ansatzes als sinnvolle Ergänzung bestehender Datenschutzinstrumente und aufgrund seines kommunikativen Ansatzes als hoffnungsvolles Instrument der Vertrauensbildung angesehen.

1.4   Entwicklungen in anderen Staaten

Die Initiativen für ein Datenschutzaudit entsprechen in ihrem Grundanliegen vielfältigen Initiativen in anderen Staaten. Diese Initiativen beziehen sich auf unterschiedliche Formen und Zwek-

---

[125] S. Opaschowski/Duncker 1998, 32f, 68.

[126] Die Bundesregierung stellt in ihrem Evaluationsbericht zum IuKDG vom 18.6.1999, BT-Drs. 14/1191, 14 fest: „Inzwischen wird die Einführung eines Datenschutzaudits sowohl aus der Wirtschaft als auch von staatlicher Seite und aus dem politischen Raum nahezu einhellig unterstützt."

ke der Datenverarbeitung. Ihre jeweilige Ausgestaltung ist meist aus dem spezifischen kulturellen, politischen und rechtlichen Hintergrund zu erklären, vor dem sie ihr Ziel erreichen wollen. Sie sind daher nicht ohne weiteres auf die Bundesrepublik Deutschland zu übertragen. Ihr gemeinsames Ziel besteht darin, Datenschutz und Datensicherheit durch Selbstverpflichtungen sowie deren Umsetzung, Überprüfung und Bekanntmachung zu verbessern. Sie alle sind in jüngster Zeit entstanden und zeigen, dass die Umsetzung eines Datenschutzaudits auch international einem starken Trend entspricht.[127] Beispiele sollen aus USA und Japan vorgestellt werden.[128]

1.4.1   Vereinigte Staaten von Amerika

Um das Vertrauen in den Datenschutz im Internet zu erhöhen und durch die dadurch steigende Akzeptanz Electronic Commerce zu befördern, um staatliche Regulierungen des Datenschutzes im Internet abzuwehren[129] und auch um der Forderung des Art. 25 der EG-Datenschutzrichtlinie nach einem angemessenen Datenschutzniveau nachzukommen,[130] haben sich in den USA mehrere Initiativen entwickelt, um im Rahmen der dort favorisierten Selbstregulierung der Wirtschaft[131] auditähnliche Verfahren für den Datenschutz zu implementieren.[132] Zwei prominente Beispiele seien kurz beschrieben.[133]

---

[127] S. z.B. für Datensicherheit Canadian General Standards Board 1998; ADD-SecureNet <http://www.addsecure.net/h4h/service.htm>.

[128] In Kanada besteht seit 1996 als nationale Techniknorm ein „Model Code" der Canadian Standards Association, der von allen wesentlichen Industrievereinigungen unterstützt wird und der in den Gesetzentwurf für den „Personal Information Protection and Electronic Document Act" (C-6) inkorporiert worden ist – s. hierzu CSA 1996; Task Force on Electronic Commerce 1998; House of Commons of Canada, C-6.

[129] Nach Louis Harris/Westin 1997 fordern 58% der Computernutzer in den USA staatliche Gesetze für den Datenschutz im Internet.

[130] S. z.B. <http:www.truste.org/webpublishers/pub_privacy.html>.

[131] S. z.B. U.S. Department of Commerce 1997; ILPF 1998; OECD, Protection of Privacy on Global Networks <http://www.oecd.org/subject/e_commerce/>.

[132] S. z.B. als Übersicht Dyson 1997; Federal Trade Commission 1998 und 1999a; Center of Democracy and Technology 1999; s. auch die Beispiele Direct Marketing Association, Responsibly Conquer an New Frontier with The DMA's Marketing Online Privacy Principles und Guidance <http://www.the-dma.org/busasst6/busasst-onmarkprivpr6a7.shtml>; Canadian Marketing Association, Code of Ethics & Standards of Practice <http://www.cdma.org/ new/ethics_2.html>; s. hierzu auch die Beispiele in U.S. Department of Commerce 1997, Chapter 6.

[133] Einen umfassenden Überblick über die tatsächlich praktizierten Daten-

Zum einen werden auf dem amerikanischen Markt unterschiedliche sogenannte „Seal Programms" angeboten. Die bekanntesten sind die Programme der Verbraucherschutzvereinigung Council of Better Business Bureaus (BBB) „BBBonline",[134] der Organisationen der Wirtschaftsprüfer in USA und Kanada American Institute of Certified Public Accountants und Canadian Institute of Chartered Accountants „WebTrust",[135] des Entertainment Software Rating Board (ESRB) „ESRB Privacy Online"[136] und des Silicon-Valley-Unternehmens TRUSTe.[137] Diese unternehmensübergreifenden Programme stehen in Konkurrenz untereinander und zu unternehmenseigenen „Seal Programs".[138] Diese Programme weisen viele Unterschiede im Detail auf, sind sich aber in ihrem Grundansatz ähnlich.[139] Als Beispiel soll das „Privacy Seal Program" von TRUSTe vorgestellt werden.[140]

TRUSTe ist eine unabhängige gemeinnützige Initiative, deren Mitglieder aus der Online-Industrie stammen. Sie hat es sich zur Aufgabe gemacht, das Vertrauen der Nutzer ins Internet zu stärken, indem sie dafür eintritt, dass der Umgang mit personenbezogenen Daten offengelegt wird und der Nutzer seine aktive Zustimmung zur Verwendung dieser Daten gibt. Anbieter von Webseiten können Teilnehmer an dem TRUSTe-Programm werden. Sie müssen sich nach den Bedingungen von TRUSTe zu einer Datenschutzpolitik verpflichten, ihre Datenschutzpraktiken veröffentlichen, die Zustimmung der Nutzer zu diesen Praktiken einholen und Datensicherungsmaßnahmen durchführen.[141] Nach dieser Verpflichtung erhalten sie ein „Trustmark", das sie auf ih-

---

schutzpraktiken im Internet bieten der Georgetown Internet Privacy Policy Survey, Culnan 1999a, und die im Auftrag der Online Privacy Alliance durchgeführte Untersuchung „Privacy and the Top 100 WEB Sites", Culnan 1999b.

134 S. <http://www.bbbonline.com>; s. auch Federal Trade Commission 1999a, 10f.. Center of Democracy and Technology 1999; Reidenberg 1999, 778.

135 S. <http://www.cpawebtrust.org>; s. auch Federal Trade Commission 1999a, 11f.; Center of Democracy and Technology 1999.

136 S. <http://www.esrb.org>; Federal Trade Commission 1999a, 12.

137 S. zu diesem sogleich ausführlicher.

138 S. z.B. zum „American Online Seal of Approval" Borseenick 1999.

139 S. zu einem ausführlichen Vergleich Center of Democracy and Technology 1999.

140 S. zum folgenden auch Blackburn/Lena/Wang 1997; Federal Trade Commission 1999a, 9f.; Center of Democracy and Technology 1999; Reidenberg 1999, 777f.

141 S. <http:www.truste.org/users/users_how.html>.

rer Homepage anbringen und das den Nutzer direkt zur Erklärung der Datenschutzpraktiken führt.

Abb. 1: Elektronisches TRUSTe-Siegel

Diese müssen Aussagen darüber enthalten, welche personenbezogenen Daten gesammelt werden, wie sie verwendet und wem sie zugänglich gemacht werden. Der Nutzer kann dann entscheiden, ob er weiter auf den Webseiten bleibt oder diese verlässt.

Der Abgleich zwischen den veröffentlichten Datenschutzpraktiken und den Präferenzen des Nutzers könnte künftig entsprechend dem Standard „Platform for Privacy Preferences (P3)" des World Wide Web Consortiums automatisiert erfolgen.[142] Hierfür hat AT&T bereits einen Demonstrator entwickelt[143] und Microsoft ein Produkt namens „Privacy Wizard" angekündigt.[144] Die Einhaltung der erklärten Datenschutzpraktiken soll über die „Trustmark" von TRUSTe sichergestellt werden.

Für die Vertrauenswürdigkeit des TRUSTe-Programms ist dessen Durchsetzung entscheidend. Der Anbieter muss sich über die Aufstellung und Bekanntgabe einer Datenschutzpolitik weiter verpflichten, die Zusagen in der Erklärung der Datenschutzpraktiken einzuhalten. Dies wird von TRUSTe durch Kontrollen der Webseiten, durch probeweise übermittelte Kundendaten sowie hauptsächlich durch Beschwerdemöglichkeiten der Nutzer überprüft. Jeder Teilnehmer am TRUSTe-Programm muss ein „Click-to-Verify"-Siegel auf der Seite seiner Erklärung der Datenschutzpraktiken aufnehmen, das einen Nutzer auf sichere Weise mit dem TRUSTe-Server verbindet. Dort wird ihm eine „Watchdog-

---

142 S. z.B. <http://www.w3.org/TR/NOTE-P3P10-principles>; s. hierzu kritisch Reidenberg 1999, 778f.

143 S. den Privacy Minder von Lorrie F. Cranor <http://www.research.att.com/projects/p3p/pm/>; s. hierzu auch Grimm 1999.

144 S. <http://www.privacy.linkexchange.com>.

page"[145] mit einem Formular angeboten, in das er seine Beschwerde eintragen kann. Um Beschwerden zu bearbeiten, sucht TRUSTe gemeinsam mit dem Anbieter nach Lösungen. Sind diese nicht befriedigend, ergreift TRUSTe weitere Maßnahmen, die bis zum Widerruf der „Trustmark", dem Ausschluss aus dem Programm und der Meldung des Verstoßes an eine staatliche Behörde reichen kann.[146]

Eine Vereinigung, die „Online Seals Programms" unterstützt, ist die *„Online Privacy Alliance"*.[147] Ihr gehören über 80 weltweit operierende amerikanische Unternehmen und Vereinigungen an wie zum Beispiel America Online, Apple, AT&T, Bank of America, Cisco, Compaq, Dell, Disney, DoubleClick, Hewlett-Packard, IBM, Intel, Microsoft, Netscape, Time Warner, Yahoo, die Amercican Advertising Federation, die Direct Marketing Federation und The United States Chamber of Commerce.[148] Ziel der Alliance ist es, für Online-Dienste und Electronic Commerce Vertrauen in den Datenschutz durch die Anbieter zu schaffen.[149] Zu diesem Zweck müssen sich die Mitglieder verpflichten,

- eine Datenschutzpolitik zu beschließen, bei sich umzusetzen und Schritte zu unternehmen, ihre Umsetzung bei Organisationen zu fördern, mit denen sie zusammenarbeiten,

- die Datenschutzpolitik zu veröffentlichen und leicht zugänglich zu machen. Sie muss Informationen enthalten, welche personenbezogenen Daten gesammelt werden, wie sie verwendet und an wen sie weitergegeben werden,

- dem Nutzer die Möglichkeit zu geben, vor der Erhebung von personenbezogenen Daten oder gleichzeitig mit ihnen, die Datenschutzpolitik zur Kenntnis zu nehmen und sich für ein Verbleiben in dem Angebot oder sein Verlassen zu entscheiden,

---

[145] S. <http:www.truste.org/users/users_watchdog.html>.

[146] S. <http:www.truste.org/users/users_how.html>.

[147] S. erheblich weitergehend der „Model Code" der Canadian Standard Association (CSA), auf den sich die wichtigsten Verbände der kanadischen Wirtschaft geeinigt haben.

[148] S. <http://www.privacyalliance.org/who/>; s. hierzu insb. auch die Untersuchung der Top 100 Web Sites in Culnan 1999b.

[149] S. hierzu auch Federal Trade Commission 1999a, 8 ff.

- Maßnahmen der Datensicherung und zur Sicherung der Qualität der Daten und des Zugangs zu ihnen zu ergreifen.[150]

Um eine effektive Umsetzung dieser Selbstverpflichtung zu gewährleisten, sollten die Mitglieder sich an einem Vollzugssystem der Selbstregulierung beteiligen. Empfohlen wird die Teilnahme an einem „Privacy Seal Programm", wie es zum Beispiel TRUSTe oder BBBonline anbieten.[151]

Vergleichbar mit dem Datenschutzaudit ist bei diesen Initiativen die Verpflichtung zu einer Datenschutzpolitik, deren Implementierung und Kontrolle, die Verwendung eines Datenschutzzeichens, der Einbezug der Öffentlichkeit als Kontrollinstanz sowie Sanktionsmöglichkeiten im Rahmen der Selbstregulierung. Diese Initiativen lassen sich allerdings auf die Bundesrepublik Deutschland nicht unmittelbar übertragen. Gegenüber dem deutschen Datenschutzniveau fällt auf, dass keine materiellen Vorgaben zum Datenschutz erfolgen. So fehlen inhaltliche Anforderungen an Erhebung, Verarbeitung und Nutzung der personenbezogenen Daten und an deren Zweckbindung sowie Vorgaben zur Datenvermeidung und Datensparsamkeit oder zum Angebot einer anonymen Inanspruchnahme von Internetdiensten und ihrer Abrechnung oder zur Verwendung von Pseudonymen.[152] Die Prinzipien der Seal Programs oder der Online Privacy Alliance enthalten keine Verpflichtung zur baldmöglichen Löschung der Daten. Sie sehen auch keine Auskunftsrechte vor. Damit sind solche Vorgaben nicht ausgeschlossen. Es steht aber im Belieben des Anbieters, solche Zusicherungen zum Gegenstand seiner Selbstverpflichtungen zu machen. Aufgrund dieses Mangels fehlt die Vergleichbarkeit der materiellen Datenschutzanstrengungen.[153] Auch die Zielerreichung ist gefährdet.[154] Die Initiativen sehen zwar wiederholte Überprüfungen zur Einhaltung der Selbstverpflichtungen vor, zielen aber nicht auf eine kontinuierliche Verbesserung von Datenschutz und Datensicherheit.[155] Zugespitzt: Entscheidend ist letztlich, dass die eigene Datenschutzpolitik

---

150   S. <http://www.privacyalliance.org/resources/ppguidelines.shtml>.

151   S. näher <http://www.privacyalliance.org/resources/enforcement.shtml>.

152   S. hierzu auch kritisch Reidenberg 1999, 779f.

153   S. hierzu näher die Untersuchung des Center for Democracy and Technology 1999; s. auch Gellman 1996, 143.

154   S. hierzu insbesondere die Kritik in Rotenberg 1999.

155   Hierauf zielt z.B. die Initiative des Internet Law and Policy Forums, ILPF 1998.

veröffentlicht wird und sich der Anbieter an diese hält. Datenschutz ist reduziert auf die rechtzeitige Information des Nutzers und dessen Wahlmöglichkeit, das Angebot zu verlassen. Die Datenverarbeitung wird dadurch legitimiert, dass der Nutzer trotzt Kenntnis der Datenschutzpraktiken weiterhin das Angebot nutzt. Letztlich bestätigt das Siegel nur die Selbstverpflichtung zu dieser Form der Transparenz.[156] Daher erhalten auch diejenigen Anbieter die „Trustmark", die offen beschreiben, dass sie fleißig Daten sammeln und auch an Dritte weitergeben – selbstverständlich nur im wohlverstandenen Interesse des Nutzers:[157] „Good notices of bad practices".[158]

Durch den „Children's Online Privacy Protection Act" vom Oktober 1998 haben die USA inzwischen eine gesetzliche Grundlage für die Selbstregulierung der Wirtschaft durch Selbstverpflichtungen und „Seal Programs" geschaffen.[159] Das Gesetz verpflichtet zur Einhaltung von Mindeststandards, private Selbstregulierung und -kontrolle kann aber nach Überprüfung durch die Federal Trade Commission die gesetzlichen Vorgaben ersetzen.[160] Da dieses Gesetz nur für personenbezogene Daten von Kindern unter 13 Jahre gilt, die durch deren Aktivitäten im Internet gesammelt werden, wurde ein vergleichbares Gesetz für einen „Online Privacy Protection Act" im Frühjahr 1999 in den Gesetzgebungsprozess eingebracht.[161]

1.4.2 Japan

In Japan bietet das Japan Information Processing Development Center (JIPDEC) seit April 1998 ein dem hier diskutierten Datenschutzaudit sehr ähnliches „Privacy Mark Award System" an. JIPDEC vergibt ein Datenschutzzeichen an Unternehmen, die ausreichende Maßnahmen zum Schutz personenbezogener Daten

---

[156] S. kritisch Rotenberg 1999.

[157] S. z.B. <http://www.yahoo.com/info/privacy/> mit„click-to-verify"-Siegel, die Erklärung der Datenschutzpraktiken, allerdings ohne „Trustmark" ist auf deutsch abrufbar unter <http://www.yahoo.de/ docs/info/mail/datenschutz. html>; s. z.B. auch <http://www.de.ibm.com/general/datenschutz/datenschutz.html>.

[158] Diesen Hinweis verdanke ich Paul Schwartz, Brooklyn Law School.

[159] S. U.S. Children's Online Privacy Protection Act 1998; s. hierzu auch Federal Trade Commission 1999a, 5.

[160] S. hierzu die „Childrens' Online Privacy Protection Rule" vom Oktober 1999, die am 21.4.2000 in Kraft tritt – Federal Trade Commission 1999b.

[161] S. U.S. Congress 1999 – Bill S. 809.

ergriffen und überprüft haben. Damit versucht das „Privacy Mark Award System", öffentliches Vertrauen in den Datenschutz in privaten Unternehmen zu unterstützen und zwischen den Unternehmen Wettbewerb um Datenschutz zu initiieren.

Das „Privacy Mark Award System" soll vollzugsvertretende Wirkung erzeugen.[162] Das japanische Datenschutzgesetz von 1988 gilt nur für zentrale Verwaltungsorganisationen.[163] Ein für den privaten Sektor geltendes Datenschutzgesetz konnte bisher aufgrund politischer Widerstände nicht erlassen werden. Ersatzweise hat das „Ministry of International Trade and Industry" (MITI) 1989 ein Set von „Personal Data Protection Guidelines" für verschiedene Bereiche des privaten Sektors zusammengestellt, an denen sich freiwillige Datenschutzmaßnahmen der Unternehmen orientieren.[164] Diese Maßnahmen waren allerdings unzureichend.[165] Das MITI veröffentlichte daher 1997 überarbeitete „Guidelines".[166] Das „Privacy Mark Award System" ist eine von mehreren Maßnahmen, die Befolgung der „Guidelines" zu befördern.[167]

Das „Privacy Mark Award System" wird auf zwei Stufen betrieben.[168] Auf der zentralen Stufe wirkt JIPDEC als Vergabeorganisation. Diese ist zuständig für die Prüfung der Anträge teilnehmender Unternehmen sowie die gesamte Durchführung des Systems. Bei ihr wurde ein Komitee eingerichtet, das für Vorschriften und Standards, die das System betreffen, für die Anerkennung von Zertifizierungsorganisationen und für den Widerruf der „Privacy Mark Certification" zuständig ist. Auf der dezentralen Stufe wirken anerkannte Zertifizierungsorganisationen, die von einer Gruppe von Unternehmen einer Branche gebildet wird. Sie sind zuständig für die Erarbeitung von Branchenempfehlungen, für die Annahme von Anträgen und für die Beratung und Unterstützung der Unternehmen. Inzwischen wurden mehrere Empfehlungen von den betroffenen Branchen erarbeitet. Zum Bei-

---

[162] S. JIPDEC 1998, 24f.

[163] Law No. 95, December 1988.

[164] S. z.B. Horibe 1998, 3 ff.

[165] JIPDEC 1998, 27.

[166] MITI, Guidelines Concerning the Protection of Computer Processed Personal Data in Private Sector, <http://www.datenschutz-berlin.de/sonstige/ dokument/miti.htm>.

[167] S. JIPDEC 1998, 17 ff.

[168] S. zum folgenden ausführlich JIPDEC 1998, 27 ff.

spiel wurden für elektronische Netzwerke die „MITI-Guidelines"
durch Datenschutzrichtlinien des Electronic Network Consortiums, einer Vereinigung der großen japanischen Online-Dienste-
anbieter,[169] konkretisiert.[170]

Ein Unternehmen, das Niederlassungen in Japan hat, kann an
dem System teilnehmen, wenn es ein „Compliance Programm"
etabliert hat, das die Einhaltung der „MITI-Guidelines" oder spe-
zifischer Branchenempfehlungen gewährleistet und diese Umsetzung durch ein Datenschutzmanagementsystem sicherstellt. Gegenstand des Programms ist das Unternehmen oder ein Unter-
nehmensteil. Mit dem Antrag auf Zertifizierung muss das Unternehmen sein „Compliance Programm" vorlegen. Dieses wird von
der Vergabeorganisation auf Übereinstimmung mit den „MITI-
Guidelines" oder Branchenempfehlungen sowie den Vorschriften
und Standards des „Privacy Mark Systems" überprüft. Vor allem
wird geprüft, ob ein funktionierendes Datenschutzmanagementsystem mit Zuständigkeiten, Befugnissen, Maßnahmen und In-
strumenten eingerichtet ist. Das Unternehmen muss ausreichende
Sicherheitsmaßnahmen vorsehen. Es muss eine ständige Kontakt-
stelle für Datenschutzfragen für seine Kunden unterhalten. Gegenüber anderen Organisationen, mit denen es Vertragsbezie-
hungen hat und denen es personenbezogene Daten übermittelt,
muss es ausreichende Maßnahmen des Datenschutzes und der
Datensicherheit vereinbaren. Das Datenschutzniveau muss mindestens jedes Jahr durch ein internes Audit überprüft werden.

Abb. 2: Elektronisches Datenschutzzeichen des JIPDEC

---

[169] S. <http://www.nmda.or.jp/enc/index-english.html>.

[170] ENC, Guidelines For Protecting Personal Data In Electronic Network Management <http://www.nmda.or.jp/enc/privacy-rev-english.html>.

Die Überprüfung erfolgt in der Regel an Hand der Antragsunterlagen. In Zweifelsfällen werden weitere Informationen nachgefordert. Eventuell erfolgt eine Anhörung oder es werden sogar Betriebsbesichtigungen durchgeführt. Eine Überprüfung dauert etwa zehn Tage.

Die Zertifizierung wird auf der Homepage der Vergabeorganisation bekannt gemacht. Sie gilt für zwei Jahre und kann immer wieder für zwei Jahre verlängert werden. Die Vergabeorganisation und die anerkannten Zertifizierungsorganisationen können von dem Unternehmen als Stichprobe den Bericht des jährlichen Audits anfordern oder Betriebsbesichtigungen durchführen. Aufgrund so gewonnener Erkenntnisse können Maßnahmen ergriffen werden, die von Empfehlungen bis hin zum Widerruf der Zertifizierung oder der Anerkennung der Zertifizierungsorganisation reichen können.

Das Unternehmen kann aufgrund der Zertifizierung einen Vertrag mit der Vergabeorganisation über das Führen des „Privacy Marks" schließen. Das Zeichen kann nach spezifischen Nutzungsregelungen zum Beispiel auf Briefbögen, Umschlägen, Visitenkarten, Werbeunterlagen oder der Homepage verwendet werden.

Das japanische „Privacy Mark Award System" bietet viele Parallelen zu dem hier untersuchten Datenschutzaudit. Wie dieses setzt es vor allem auf branchenbezogene Selbstregulierung der Standards, auf die Umsetzung durch ein Datenschutzmanagementsystem und die organisationsinterne Prüfung. Es beschränkt die externe Überprüfung allerdings auf Stichproben. Der Hauptunterschied aber dürfte darin zu sehen sein, dass das „Privacy Mark Award System" erst einmal die Umsetzung von gesetzesvertretenden, aber letztlich unverbindlichen „Guidelines" befördern soll. Eine darüber hinaus gehende Verbesserung des Datenschutzes und der Datensicherheit ist daher allenfalls für künftige Zeiten ein Ziel dieses Systems.

2 Anforderungen an ein Datenschutzaudit

Welche Anforderungen müsste ein Datenschutzaudit erfüllen, um bei den unterschiedlichen Interessentengruppen auf Umsetzung und Annahme rechnen zu können? Aus Stellungnahmen in der Literatur sowie Gesprächen mit verschiedenen Gruppen über das Datenschutzaudit können am Beispiel der Teledienste folgende Erwartungen festgehalten werden:

2.1 Interessen der datenverarbeitenden Stellen

Für die datenverarbeitende Stellen, insbesondere Unternehmen, ist es besonders wichtig, dass ein Datenschutzaudit für sie freiwillig ist. Sie wollen die Möglichkeit haben, darüber zu entscheiden, ob es für ihr Unternehmen oder ihr Angebot vorteilhafter ist, am Datenschutzaudit teilzunehmen oder nicht. Mit zusätzlichen Regulierungsvorgaben für ein Datenschutzaudit darf der marktwirtschaftliche Ansatz nicht konterkariert werden.[171]

Das Datenschutzaudit soll gegenüber Behörden, Gerichten und Betroffenen Rechtssicherheit gewährleisten.[172]

Für die Teilnahme am Datenschutzaudit muss es einen ausreichend hohen Anreiz geben, der neben internen Verbesserungen des Datenschutzes und der Datensicherheit vor allem in der Verwendung des Ergebnisses in der Außendarstellung gegenüber unterschiedlichen Anspruchsgruppen wie Mitarbeitern, Aktionären, Banken und Versicherungen, Behörden, Medien, der Öffentlichkeit und vor allem den Nutzern von Telediensten gesehen wird.[173]

Allerdings müssen die Kosten im Vergleich zum Ergebnis in einem vertretbaren Rahmen bleiben.[174] Dies ist nur dann gewähr-

---

171 S. hierzu z.B. Königshofen, DuD 1999, 271.

172 S. zu dieser Zielsetzung für das Umweltschutzaudit z.B. Sprenger/Maier 1997, 655 ff.

173 Zum Konzept der Anspruchsgruppen im Rahmen der Unternehmenskommunikation s. z.B. Clausen/Fichter, 1995, 20 ff.

174 S. z.B. Arbeitskreis „Datenschutzbeauftragte" im Verband der Metallindustrie Baden-Württemberg (VMI), DuD 1999, 283.

leistet, wenn das Datenschutzaudit nicht bürokratisch aufgebläht wird und zu einem unnütz hohen Dokumentationsaufwand führt.[175] Es muss organisatorisch zu bewältigen sein.[176]

Vor allem für kleine und mittlere Unternehmen muss gewährleistet sein, dass sie sich am Datenschutzaudit beteiligen können. Weil diese kein eigenes Management für Spezialaufgaben oder Stabsabteilungen haben, denen diese Aufgaben übertragen werden können, sehen Art. 13 UAVO und Art. 10 UAVO-Rev-E für das Umweltschutzaudit Förderungen der Mitgliedstaaten vor, um auch kleinen und mittleren Unternehmen die Teilnahme zu ermöglichen oder zu erleichtern.[177]

Das Datenschutzaudit darf nicht zu Wettbewerbsverzerrungen führen. Solche sind jedoch aufgrund der notwendigen Komplexitätsreduktion von Audits unvermeidlich. Je höher der Komplexitätsgrad des Bewertungsmaßstabs und des zu untersuchenden Gegenstands sind, desto problematischer ist eine Komplexitätsreduktion.[178] Bei einem Datenschutzaudit findet die Komplexitätsreduktion durch die Vergabe eines Datenschutzauditzeichens an jeden Teilnehmer statt. Der „Datenschutzanfänger" wird ebenso wie der „Datenschutzprofi" registriert und kann das Datenschutzauditzeichen verwenden, wenn er auf seinem Niveau Fortschritte im Management seiner Datenschutzanstrengungen nachweist. Bestehende Unterschiede hinsichtlich des Datenschutzes werden durch eine eindimensionale Bestätigung unvermeidlich eingeebnet.[179] Um so wichtiger ist es, dass die Ergebnisse weitgehend vergleichbar sind, also an die Managementsysteme und an die Gutachter weitgehend gleiche Anforderungen gestellt werden. Weiterhin ist es notwendig, dass bestehende Unterschiede zumindest durch die an die Öffentlichkeit gerichtete Datenschutzerklärung deutlich werden.[180]

---

[175] Dies wird von manchen dem Qualitätsmanagement nach ISO 9.000 zugeschrieben – s. z.B. Arbeitskreis „Datenschutzbeauftragte" im Verband der Metallindustrie Baden-Württemberg (VMI), DuD 1999, 282.

[176] Arbeitskreis „Datenschutzbeauftragte" im Verband der Metallindustrie Baden-Württemberg (VMI), DuD 1999, 282f.

[177] Z.B. hat das Land Hessen hierfür ein Förderprogramm in Höhe von 5,5 Mio. DM aufgelegt – s. NJW 1997, Heft 39, S. LI.

[178] S. z.B. Schrader 1993.

[179] S. hierzu auch Hamschmidt 1995, 34; Freimann 1997, 569; Hönes/Küppers 1998, 9.

[180] S. Hönes/Küppers 1998, 9, für die Umwelterklärung sowie Kap. 3.6.

Wettbewerbsverzerrungen werden insbesondere gegenüber ausländischen Anbietern befürchtet. Auf keinen Fall dürften die ausländischen Anbieter von Multimediadiensten, die infolge des Fehlens kostenträchtiger Datenschutzvorgaben bereits einen Wettbewerbsvorteil im globalen Markt genießen,[181] die niedrigeren Datenschutzanforderungen in ihrem Heimatstaat dazu nutzen können, mit geringerem Aufwand ein Datenschutzaudit zu bestehen als die deutschen Anbieter.

Umgekehrt soll das Datenschutzaudit gerade einen Wettbewerbsvorteil bieten. Dieser muss allerdings auf tatsächlichen Leistungen im Datenschutz und der Datensicherheit beruhen. Das Datenschutzaudit muss dies verlässlich feststellen und gerade in dieser Hinsicht zu Transparenz und zur Differenzierung auf dem Markt beitragen.[182]

Damit das Ergebnis des Datenschutzaudits den Anspruchsgruppen vermittelt werden kann und von diesen als Differenzierungsmerkmal angenommen wird, sind zwei Voraussetzungen notwendig. Erstens dürfen die Anforderungen nicht zu niedrig sein, so dass ihre Erfüllung eine Auszeichnung rechtfertigt.[183] Zweitens muss das gesamte Verfahren für die Anspruchsgruppen glaubwürdig sein.

Um die gewünschten Wirkungen des Datenschutzaudits zu erzielen, sind Informations- und Sensibilisierungsaktivitäten notwendig. Dies umfasst auch die rechtzeitige Einbeziehung der Arbeitnehmervertretung.[184]

2.2   Interessen der Nutzer

Soweit die Nutzer sich für Datenschutz und Datensicherheit interessieren, ist für sie Transparenz zwischen unterschiedlichen Angeboten wichtig. Sie wollen wissen, wie datengierig oder datenschutzfreundlich ein Teledienst ist. Sie wünschen sich Vergleichbarkeit, um ihre Konsum-Entscheidung – etwa bei ähnlicher Qualität und vergleichbarem Preis – nach diesem Kriterium treffen zu können. Das unterschiedliche Datenschutzniveau unterschiedlicher Anbieter muss dem potentiellen Kunden oder

---

181   S. hierzu z.B. Königshofen, DuD 1999, 266 ff.

182   S. hierzu z.B. Königshofen, DuD 1999, 266 ff.

183   Zugleich sollen sie aber auch bewältigt werden können.

184   Arbeitskreis „Datenschutzbeauftragte" im Verband der Metallindustrie Baden-Württemberg (VMI), DuD 1999, 283.

Nutzer ebenso transparent gemacht werden können wie die unterschiedliche Qualität oder der unterschiedliche Preis.[185] Ein Datenschutzaudit sollte zu einem offenen Wettbewerb um Datenschutz zwischen den Anbietern von Telediensten beitragen.

Die Glaubwürdigkeit des Verfahrens und des Ergebnisses ist für sie von ausschlaggebender Bedeutung. Das Datenschutzaudit ist für sie nur dann relevant, wenn die Aussagekraft der Datenschutzerklärung ihren Transparenzinteressen entspricht und sie der Objektivität und Korrektheit der Überprüfung vertrauen können.

Die Nutzer wollen Fortschritte im Datenschutz und in der Datensicherheit. Neuen Risiken soll rechtzeitig begegnet werden. Neue Datenschutz- und Datensicherungsmöglichkeiten sollen umgehend genutzt werden und ihnen zugute kommen.

2.3   Interessen der Allgemeinheit

Im Allgemeininteresse liegt es vor allem, dass der Datenschutz kontinuierlich verbessert wird. Vom Datenschutzaudit muss eine starke Anreizwirkung ausgehen, tatsächliche Verbesserungen des Datenschutzes und der Datensicherheit durchzuführen. Das Datenschutzaudit muss eine Prämierung der Besten im Datenschutz bewirken, um so einen Nachahmungseffekt zu erzielen.

Das Datenschutzaudit soll das gesellschaftliche und individuelle Gefährdungs- und Schadenspotential durch Datenschutzverletzungen reduzieren. Schäden durch Datenschutzverletzungen sind oft weder wiedergutzumachen noch monetarisierbar und ausgleichsfähig. Selbst wenn dies der Fall wäre, scheuen sich die Geschädigten, Ansprüche geltend zu machen, weil sie das Prozessrisiko aufgrund der Informationsasymmetrie scheuen. Da nachträgliche Korrekturmaßnahmen nur bedingt greifen, sind Präventivmaßnahmen um so wichtiger. Diese zu realisieren, ist eine wichtige Aufgabe des Datenschutzaudits.

Die Aufwendungen für die Anstrengungen zu mehr Datenschutz sollen zu einer Internalisierung von Kosten führen, die bisher bei der Verarbeitung personenbezogener Daten zu Lasten Dritter oder der Allgemeinheit externalisiert werden. Nur wer diese Internalisierung vornimmt, soll den Vorteil der Werbemöglichkeit haben.

---

[185]   S. hierzu z.B. Königshofen, DuD 1999, 266 ff.

Das Datenschutzaudit sollte weiter zu einer Unterstützung und Entlastung der Datenschutzbeauftragten und Aufsichtsbehörden beitragen. Es sollte zu einer verbesserten Umsetzung von Datenschutzanforderungen und deren Kontrolle führen.

Dass durch das Datenschutzaudit keine Wettbewerbsverzerrungen eintreten, liegt auch im öffentlichen Interesse. Für das Datenschutzaudit müssen Mitnahmeeffekte weitgehend ausgeschlossen werden. Vielmehr muss sichergestellt werden, dass nur tatsächliche Verbesserungen des Datenschutzes prämiert werden.

Das Datenschutzaudit sollte zu einer „Sensibilisierung des Daten- und Verbraucherschutzgedankens bei den Nutzern beitragen". Dies könnte vor allem durch seine Verwendung als Marketing-Argument geschehen.[186] Das Datenschutzaudit könnte so zu einem wichtigen Instrument der Aufklärung über Datenschutz und Datensicherheit werden.

---

[186] Bundesrat, BT-Drs. 13/7385, 57.

Konzeption eines Datenschutzaudits

Die Konzeption eines Datenschutzaudits besteht aus mehreren Elementen. Notwendig sind Festlegungen hinsichtlich des Auditierungskonzepts, des Gegenstandsbereichs, der Teilnehmer, der Kriterien und des Verfahrens. Hinsichtlich der Außenwirkung des Datenschutzaudits ist zu klären, wie eine Überprüfung des Audits erfolgen soll, wie die auditierten Unternehmen registriert werden und wie sie das Ergebnis der Auditierung verwenden dürfen. Schließlich ist zu klären, in welchem Verhältnis das Datenschutzaudit zu der bereits eingeführten Institution des betrieblichen oder behördlichen Datenschutzbeauftragten stehen soll. Bevor diese einzelnen Elemente einer Datenschutzaudit-Konzeption erörtert werden, soll das Vorbild des Umweltschutzaudit kurz vorgestellt werden.

3.1 Vorbild Umweltschutzaudit

Die Enquete-Kommission „Zukunft der Medien in Wirtschaft und Gesellschaft" des Deutschen Bundestags forderte ausdrücklich, dass für eine Modernisierung des Datenschutzes „Modelle in Analogie zu bestehenden, international anerkannten Systemen wie der Zertifizierung von Qualitätsmanagement (insbesondere ISO 9000er-Reihe), dem Umweltschutzaudit (ISO 14000er-Reihe und EU-Umwelt-Audit-RL[187]) oder den Common Criteria im Sicherheitsbereich u.ä. in Betracht gezogen werden" sollten.[188]

Da das Umweltschutzaudit nach der EG-UAVO gegenüber der Auditierung nach ISO 14.001 das weitergehende Modell ist, soll das Umweltschutzaudit an diesem erläutert werden. Auf die Alternativen, die die ISO-Normen zum Qualitätsmanagement bieten, wird später ergänzend eingegangen.[189]

---

[187] Gemeint ist die EG-Umweltaudit-Verordnung.

[188] Enquete-Kommission „Zukunft der Medien in Wirtschaft und Gesellschaft - Deutschlands Weg in die Informationsgesellschaft", BT-Drs. 13/11003, 24.

[189] S. Kap. 4.2.

3.1.1   Regelungskonzept des Umweltschutzaudits

Seit dem 11. April 1995 gilt in der gesamten Europäischen Gemeinschaft die EG-Verordnung „über die freiwillige Beteiligung gewerblicher Unternehmen an einem Gemeinschaftssystem für das Umweltmanagement und die Umweltbetriebsprüfung" (EG-UAVO).[190] Diese unmittelbar geltende EG-Verordnung wird ergänzt durch das Umweltauditgesetz (UAG)[191] und vier Rechtsverordnungen[192], die zur ihrer innerstaatlichen Umsetzung ergangen sind.

Entsprechend Art. 20 UAVO hat die Europäische Kommission nach fünf Jahren Erfahrung mit dem Umweltschutzaudit am 30.10.1998 einen Vorschlag für eine Revision der UAVO vorgelegt.[193] Dieser Vorschlag sieht vor, das weitgehend vergleichbare Umweltschutzaudit-Verfahren der ISO-Norm 14.001 zu übernehmen und um die außenwirksamen Bestandteile der bisherigen UAVO zu ergänzen.[194] Mit einer Umsetzung dieses Vorschlags ist in etwa einem Jahr zu rechnen.[195] Im folgenden wird daher das derzeit noch geltende Konzept des Umweltschutzaudits dargestellt. Veränderungen durch den UAVO-RevE werden in den Fußnoten beschrieben.

Durch das Umweltschutzaudit sollen die Eigenverantwortung des Unternehmens für seine Umweltauswirkungen und sein Umweltmanagement gestärkt und Vollzugsdefizite verringert werden. Die Teilnahme an dem Verfahren ist freiwillig. Als Anreiz

---

[190]   Verordnung (EWG) Nr. 1836/93 des Rates vom 29.6.1993, EG-ABl. Nr. L 168/1.

[191]   Gesetz vom 7.12.1995, BGBl I, 1591.

[192]   Verordnung über das Verfahren zur Zulassung von Umweltgutachtern und Umweltgutachterorganisationen sowie zur Erteilung von Fachkenntnisbescheinigungen nach dem Umweltauditgesetz (UAG-Zulassungsverfahrensverordnung - UAGZVV) vom 18.12.1995, BGBl I, 1841; Verordnung über die Beleihung der Zulassungsstelle nach dem Umweltauditgesetz (UAG-Beleihungsverordnung - UAGBV) vom 18.12.1995, BGBl I, 2013; Verordnung über Gebühren und Auslagen für Amtshandlungen der Zulassungsstelle und des Widerspruchsausschusses bei der Durchführung des Umweltauditgesetzes (UAG-Gebührenverordnung - UAGGebV) vom 18.12. 1995, BGBl I, 2014; Verordnung nach dem Umweltauditgesetz über die Erweiterung des Gemeinschaftssystems für das Umweltmanagement und die Umweltbetriebsprüfung auf weitere Bereiche (UAG-Erweiterungsverordnung – UAG-ErwV) vom 3.2.1998, BGBl I, 338.

[193]   KOM(1998)622 endgültig, EG-ABl. Nr. C 400/7 vom 22.12.1998.

[194]   S. zum Revisionsentwurf u.a. Krisor, Ökologisches Wirtschaften 3-4/1998, 25; Lütkes/Ewer, NVwZ 1999, 19; Frings/Schmidt 1998, 395 ff.

[195]   S. hierzu näher Lütkes/Ewer, NVwZ 1999, 25f.

wird dem erfolgreich teilnehmenden Unternehmen ermöglicht, mit der zertifizierten Umwelterklärung Image-Werbung in der Öffentlichkeit zu betreiben und sich im Wettbewerb von anderen, nicht oder nicht erfolgreich teilnehmenden Unternehmen zu unterscheiden.

Gegenstand des Umweltaudits sind die Aktivitäten eines Unternehmens[196] an einem Standort.[197] Für diesen Standort geht das Unternehmen eine Selbstverpflichtung ein, die einschlägigen Umweltrechtsvorschriften einzuhalten[198] und das bestehende betriebliche Umweltschutzniveau kontinuierlich zu verbessern.[199] Als anzustrebender Umweltschutzstandard gilt die jeweils wirtschaftlich vertretbare Anwendung der besten verfügbaren Umwelttechnik.[200] Das Verfahren wird in neun Schritten durchgeführt, die sich zu drei Abschnitten zusammenfassen lassen.

I. Herstellung der Eingangvoraussetzungen

Bevor das eigentliche Audit beginnen kann, sind in einem interessierten Unternehmen die Eingangsvoraussetzungen zu schaffen. Die geschieht in vier Schritten.

1. Das Unternehmen verpflichtet sich auf der höchsten Managementebene schriftlich zu einer bestimmten *Umweltpolitik*, die im Einklang mit den Verordnungszielen steht, indem es Gesamtziele und Handlungsgrundsätze für den betrieblichen Umweltschutz beschreibt.

2. Das Unternehmen führt selbst eine *Umweltprüfung* am Standort durch. Diese schließt mit einer Bestandsaufnahme des Umweltstatus – Ermittlung aller relevanten Umweltein-

---

[196] Aufgrund der Erweiterung des Teilnehmerkreises führt Art. 2 l UAVO-RevE entsprechend ISO 14.001 Nr. 3.12 für die Teilnehmer den Begriff der „Organisation" ein - s. hierzu näher Lütkes/Ewer, NVwZ 1999, 22f.

[197] Art. 3 UAVO. S. hierzu auch Art. 2 l Abs. 2 Satz 2 und 2 m UAVO-RevE, für die trotz des Organisationsbegriffs der Standort die entscheidende Prüfeinheit bleibt.

[198] S. hierzu UAVO-RevE Anhang I B 1. Die Organisationen müssen außerdem Verfahren eingerichtet haben, die sie dazu befähigen, die Anforderungen der Umweltrechtsvorschriften andauernd einzuhalten.

[199] S. UAVO-RevE Anhang I B 2.

[200] Art. 3a UAVO. Diese Anforderung fehlt in der UAVO-RevE. Diese Forderung ist für genehmigungsbedürftige Anlagen jedoch in der Richtlinie 96/61/EG vom 24.9.1996 über die integrierte Vermeidung und Verminderung der Umweltverschmutzung – EG-ABl. 1996, Nr. L 257, 26 - enthalten und für diese Anlagen damit weiterhin Teil der objektiven Prüfkriterien – s. näher Lütkes/Ewer, NVwZ 1999, 24.

wirkungen des Standortes – und des Umweltrechtsstatus – Darstellung aller für den Standort relevanten Umweltrechtsnormen, Verwaltungsvorschriften und Verwaltungsakte – ab.[201]

3. Auf dieser Grundlage erstellt das Unternehmen ein *Umweltprogramm* mit den konkreten Umweltzielen, einem Katalog konkreter Maßnahmen und einem Fristenplan zu deren Umsetzung.

4. Parallel zum Umweltprogramm wird ein *Umweltmanagementsystem* eingerichtet, das die Organisationsstruktur, die Zuständigkeiten sowie die Verfahren, Abläufe und Mittel zur Verwirklichung der betrieblichen Umweltpolitik festlegt.[202]

II. Interne periodische Prüfung

Nach der Einführung dieser organisatorischen Voraussetzungen folgt das eigentliche Auditverfahren.

5. In einer von dem Unternehmen selbst durchgeführten *Umweltbetriebsprüfung* wird systematisch analysiert und dokumentiert, ob Organisation, Management und Betriebsabläufe mit der Umweltpolitik und dem Umweltprogramm übereinstimmen. Am Ende der jeweiligen Planungsperiode, spätestens jedoch alle drei Jahre, ist die Umweltbetriebsprüfung zu wiederholen. In ihr werden dann vor allem die Veränderungen im Planungszeitraum erfasst und bewertet.

6. Als Ergebnis der jeweiligen Umweltbetriebsprüfung verfasst das Unternehmen eine *Umwelterklärung*.[203] Diese ist für die Öffentlichkeit bestimmt und enthält eine Darstellung der Umweltpolitik, des Umweltprogramms und des Umweltmanagementsystems, eine Standortbeschreibung, eine Zusam-

---

[201] Nach der UAVO-RevE solle die Reihenfolge zwischen 1. und 2. entsprechend ISO 14.001 umgedreht werden – s. Art. 3 Nr. 1a UAVO-RevE und Lütkes/Ewer, NVwZ 1999, 21.

[202] Nach Art. 3 Nr. 1 b UAVO-RevE muss das Managementsystem die Anforderungen des Anhangs I A und I B erfüllen. Der Anhang I A stellt die wörtliche Übernahme der Nr. 4 der ISO 14.001, ihres Hauptteils, dar. Der Anhang I B enthält weitergehende Anforderungen, insbesondere zur Kommunikation mit der Öffentlichkeit. S. näher Lütkes/Ewer, NVwZ 1999, 23.

[203] S. Art. 5 UAVO. Nach Art. 3 Nr. 1 d und Anhang III UAVO-RevE sollen die Anforderungen an die Umwelterklärung weiter differenziert werden – s. näher Krisor, Ökologisches Wirtschaften 3-4/1998, 27; Lütkes/Ewer, NVwZ 1999, 24; s. hierzu auch Kap. 3.6.1.

menfassung der Umweltauswirkungen mit zusammengefassten Zahlenangaben und deren Beurteilung.[204]

III. Validierung und Registrierung

Nach den internen Teilen des Audits folgt der dritte, nach außen gerichtete Abschnitt: die externe Prüfung und die Kommunikation mit der Öffentlichkeit.

7. Ein zugelassener unabhängiger *Umweltgutachter* prüft, ob Umweltpolitik, Umweltprogramm, Umweltmanagementsystem, Umweltbetriebsprüfung und Umwelterklärung den Anforderungen der Verordnung entsprechen.[205] Wenn alle Voraussetzungen erfüllt sind, bestätigt er die Umwelterklärung.

8. Im Falle einer positiven Validierung durch den externen Gutachter wird die Umwelterklärung veröffentlicht und an die zuständige Behörde zur *Standortregistrierung* im Verzeichnis der am Umweltschutzaudit teilnehmenden Unternehmen weitergeleitet.[206] Der Standort wird aus dem Verzeichnis gestrichen, wenn die Registrierungsstelle feststellt, dass er nicht mehr alle Anforderungen der Verordnung erfüllt.[207] Die Eintragung wird abgelehnt oder vorübergehend aufgehoben, wenn die Umweltbehörde einen Verstoß gegen einschlägige Umweltvorschriften gemeldet hat.[208] Als registerführende Behörde fungieren die Industrie- und Handelskammern und die Handwerkskammern.[209]

9. Aufgrund der Standortregistrierung ist das Unternehmen berechtigt, eine *Teilnahmeerklärung*, wie in Anhang IV der EG-UAVO dargestellt,[210] für Image-Werbung zu nutzen.[211] Sie

---

204 Nach Art. 3Nr. 2 b UAVO-RevE muss die Umwelterklärung jedes Jahr novelliert und validiert werden, um die Registrierung beizubehalten.

205 S. Art. 4 UAVO; s. hierzu auch Art. 3 Nr. 1 e und Anhänge III 3.2 und 3.3 sowie V 5.4.

206 S. Art. 8 UAVO. Nach Art. 3 Nr. 2 UAVO-RevE wird die Beibehaltung der Registrierung davon abhängig gemacht, dass die Organisationen das Umweltmanagementsystem und das Programm für die Umweltbetriebsprüfung nach Anhang V 5.6 von Umweltschutzgutachtern prüfen lassen und jährlich validierte Neufassungen der Umwelterklärung der zuständigen Stelle übermitteln und öffentlich zugänglich machen.

207 S. Art. 8 Abs. 3 UAVO.

208 S. Art. 8 Abs. 4 UAVO.

209 S. § 32 UAG.

210 Nach Art. 8 UAVO-RevE soll ein spezielles Logo eingeführt werden, um den Bekanntheitsgrad des Umweltschutzaudits zu erhöhen – s. hierzu auch Storm, NVwZ 1998, 343f.

darf auf Schautafeln am Standort, auf dem Briefkopf, auf den Umwelterklärungen des Unternehmens, in Broschüren, Presseinformationen und allgemeiner Werbung des Unternehmens genutzt werden.[212] Die Verwendung zur Produktwerbung ist allerdings untersagt, da die Prüfung sich auf das Managementsystem und nicht auf ein Produkt erstreckt hat.[213]

Die externen Gutachter müssen für einen bestimmten Unternehmensbereich zugelassen werden. Für diesen müssen sie nachweisen, dass sie die erforderliche Zuverlässigkeit, Fachkunde und Erfahrung besitzen.[214] Als Zulassungsstelle fungiert die Deutsche Akkreditierungs- und Zulassungsgesellschaft für Umweltgutachter mbH (DAU),[215] deren Gesellschafter der Bundesverband der Deutschen Industrie, der Deutsche Industrie- und Handelstag, der Zentralverband des Deutschen Handwerks und der Bundesverband Freier Berufe sind.[216] Sie ist mit der Zulassung und Beaufsichtigung der Umweltgutachter beliehen.[217] Die Prüfungsrichtlinien für die Zulassung und die Ermessensrichtlinien für die Aufsicht über die Umweltgutachter werden von ei-

---

211   Der Entwurf der EG-Kommission, EG-ABl. Nr. C 76,2 vom 27.3.1992, sah in Anhang 3 noch ein spezielles Logo vor. Sowohl auf Drängen der Umweltverbände als auch der Industrie wurde dieses jedoch nicht in die UAVO übernommen, sondern durch das EG-Emblem mit der Sternen der Mitgliedstaaten sowie einer beigefügten „kleingedruckten" Teilnahmeerklärung mit Hinweis auf die auditierten Standorte ersetzt – s. hierzu Führ, EuZW 1992, 473f.; Führ, NVwZ 1993, 858; Sellner/Schnutenhaus, NVwZ 1993, 931; Vetter 1998, 215 ff.

212   S. z.B. auch Sellner/Schnutenhaus, NVwZ 1993, 931; Scherer, NVwZ 1993, 14; Vetter 1998, 223 ff.

213   S. Art. 10 UAVO. Nach Art. 8 Abs. 2 UAVO-RevE sollen die Werbevorschriften gelockert werden. Nach dieser Vorschrift soll das Logo im Zusammenhang mit umweltbezogener Information der Tätigkeiten, Produkte und Dienstleistungen einer Organisation verwendet werden dürfen. Voraussetzung hierfür ist nach Art. 8 Abs. 3 UAVO-RevE, dass es sich um Aussagen handelt, die in der Umwelterklärung validiert worden sind. Das Logo darf jedoch nach Art. 8 Abs. 4 UAVO-RevE nicht in allgemeiner Werbung für Produkte, Tätigkeiten und Dienstleistungen eingesetzt werden. Es darf außerdem nicht bei vergleichenden Werbeaussagen verwendet und nicht auf Produkten und ihrer Verpackung angebracht werden.

214   S. hierzu §§ 5 - 7 UAG.

215   S. § 28 UAG.

216   Zur vorhergehenden Auseinandersetzung, ob für die Zulassung der Gutachter und die Aufsicht über sie eine Behörde oder eine Selbstverwaltungseinrichtung der Wirtschaft zuständig sein sollte, s. z.B. Lübbe-Wolff, DVBl. 1994, 368; Ewer, NVwZ 1995, 458; Lütkes, NVwZ 1996, 231; Kothe 1996, 11.

217   S. UAG-Beleihungsverordnung.

nem pluralistisch besetzten Umweltgutachterausschuss festgelegt.[218] Die DAU und der Ausschuss stehen unter der Aufsicht des Bundesministeriums für Umwelt, Naturschutz und Reaktorsicherheit.

Die Zulassungs-, Aufsichts- und Registrierungsverfahren sind im UAG mit 39 Paragraphen und in drei Verordnungen mit insgesamt 20 Paragraphen sehr detailliert geregelt.[219]

3.1.2 Erfahrungen mit dem Umweltschutzaudit

In der Bundesrepublik Deutschland begann die Anwendung des Umweltschutzaudit im Sommer 1995, so dass inzwischen auf mehr als drei Jahre Erfahrung – den ersten Auditierungszyklus – zurückgeblickt werden kann. Die bisherigen Erfahrungen mit dem noch jungen Umweltschutzaudit sind differenziert, aber überwiegend positiv. Es wird von vielen Unternehmen akzeptiert, verändert die unternehmensinternen Strukturen und Aufmerksamkeiten und zeigt erste Verbesserungsergebnisse.[220]

Der Deutsche Bundestag hat am 22.6.1995 zu dem von ihm beschlossenen UAG eine Entschließung angenommen, in der in Nummer 5 die Bundesregierung aufgefordert wird, „dem Deutschen Bundestag bis zum 31. Dezember 1997 über die Erfahrungen mit dem Vollzug des Gesetzes, insbesondere mit der Zulassungsstelle und dem Umweltgutachterausschuss zu berichten".[221] Am 18.6.1998 hat die Bundesregierung ihren „Bericht über die Erfahrungen mit dem Vollzug des Umweltauditgesetzes (UAG)" vorgelegt.[222]

Nach diesem Bericht hat die DAU bis zum 31.12.1997 bereits 437 Zulassungsverfahren (einschließlich Wiederholungsprüfungen) durchgeführt. Bei einer Durchfallquote von 59,5% wurden insgesamt 198 Umweltgutachter zugelassen. Darunter befinden sich 29 Umweltgutachterorganisationen. Darüber hinaus erhielten 99 Personen eine Fachkundebescheinigung nach § 8 UAG.[223] Bis

---

[218] S. §§ 21 -27 UAG

[219] Dies ist die mit Abstand ausführlichste und längste Umsetzungsregelung in Europa – wie die Sachverständigenkommission zum Umweltgesetzbuch kritisch bemerkt, UGB-E 1998, 752.

[220] S. z.B. Freimann 1997, 563 ff.; Degenhart u.a. 1995.

[221] BT-Drs. 13/1755.

[222] BT-Drs. 13/11127.

[223] S. Evaluationsbericht der Bundesregierung, BT-Drs. 13/11127,2.

Ende 1998 wurden 229 Umweltgutachter, davon 33 Umweltgutachterorganisationen zugelassen.[224] Die Gebühren für die Zulassung betrugen zwischen 8.200 und 9.000 DM. Aus der relativ geringen Zahl von Widersprüchen gegen die Verwaltungsentschei-
dungen der DAU schließt die Bundesregierung, dass diese hohe
Akzeptanz genießen und die hohen Durchfallraten ein Zeichen
für das hohe Fachkundeniveau der Zulassungsverfahren sind.[225]

Bis Ende 1997 wurden von der DAU 28 Fälle von Anlassaufsicht
bearbeitet. Gegenstand der Aufsichtsverfahren waren unter anderem Verstöße gegen die Zeichnungsbefugnis, Fragen der Unpar-
teilichkeit oder Validierung ohne erforderliche Zulassung für den
begutachteten Unternehmensbereich.[226]

Die Industrie- und Handelskammern und die Handwerkskammern haben durch schriftliche Vereinbarung den Deutschen In-
dustrie- und Handelstag (DIHT) als „gemeinsame Stelle" nach
§ 32 Abs. 2 UAG benannt. Der DIHT hat somit die Aufgabe, jährlich ein fortgeschriebenes Verzeichnis der registrierten Betriebsstandorte zu erstellen und an die zuständigen Stellen zu übermitteln. Die Handwerkskammern habe die Registrierung auf 20
Kammern konzentriert, während die Industrie- und Handelskammern 44 Registrierungsstellen unterhalten. Für die Registrierung erheben die Kammern eine Gebühr, die sich im Durchschnitt auf 811,28 DM belief. Für die Bundesregierung hat sich
die Übertragung der Registrierung auf die Kammern als richtig
erwiesen. Die Kammern genießen als Selbstverwaltung der Wirtschaft bei den Unternehmen Vertrauen. Daher werden sie in der
Regel sehr frühzeitig bei bevorstehenden Validierungen und Registrierungen um Rat gefragt, können also in der Regel bereits im
Vorfeld drohende Konflikte durch Gespräche mit Unternehmen
und Gutachtern vermeiden. Andererseits haben sie bewiesen,
dass sie in der Lage sind, Verstöße zu ahnden.[227]

Die Beteiligung der zuständigen Umweltbehörden nach § 33 Abs.
2 UAG hat sich als Verfahren bewährt. Eine geringe Zahl von
Registrierungen musste aufgrund von Hinweisen der Umweltbehörden zunächst ausgesetzt werden. Von den ausgesetzten Fällen wurde die Mehrzahl dadurch gelöst, dass das Unternehmen

---

[224] Lütkes/Ewer, NVwZ 1999, 20.

[225] S. Evaluationsbericht der Bundesregierung, BT-Drs. 13/11127, 2f.

[226] S. Evaluationsbericht der Bundesregierung, BT-Drs. 13/11127, 2f.

[227] S. Evaluationsbericht der Bundesregierung, BT-Drs. 13/11127, 5.

Nachbesserungen vorgenommen hat und die Behörde ihre Bedenken zurückstellen konnte. In einzelnen Fällen haben Unternehmen ihren Antrag zurückgenommen, weil der Einwand der Behörde sich als durchgreifend und eine Nachbesserung sich als nicht möglich erwies.[228]

Die Zugänge zum Standortregister belaufen sich auf circa 40 Neueinträge pro Monat. Ende 1997 waren 1035 Standorte in Deutschland eingetragen.[229] Ende 1998 betrug die Zahl bereits 1734.[230] Aufgrund der UAG-Erweiterungsverordnung ist mit einer weiteren Steigerung der Neuteilnahmen zu rechnen, da durch sie weiteren Branchen die Teilnahme ermöglicht wurde. Die größte Gruppe der bisherigen Teilnehmer stammt aus dem Ernährungsgewerbe (11,9%) und der Chemie (11,9%). Es folgen Unternehmen aus dem Stahl- und Leichtmetallbau (8,9%), dem Maschinenbau (8,6%), der Kunststoffherstellung (7,2%) sowie der Automobilindustrie (6,1%).[231] 44% der Standorte haben mehr als 250 Mitarbeiter, 37% haben 50 bis 250 Mitarbeiter und 19% weniger als 50 Mitarbeiter.[232]

Deutschland hat allein mehr registrierte Standorte als alle übrigen EG-Mitgliedstaaten zusammen. Aber auch in anderen Mitgliedstaaten wie Österreich (108), Schweden (87) und Dänemark (43) sowie Norwegen (30) lässt sich im Vergleich zur Einwohnerzahl ebenfalls eine hohe Teilnahmebereitschaft feststellen.[233] In anderen Mitgliedstaaten wie Großbritannien (48), den Niederlanden (20) und Italien (1) bleibt die Zahl der registrierten Standorte deutlich hinter den Zertifizierungszahlen nach der Umweltmanagementnorm ISO 14.001 in diesen Ländern zurück. Besonders zurückhaltend ist die Teilnahmebereitschaft am EG-System in Frankreich.[234] Im Verhältnis hierzu war die Umweltmanagementnorm ISO 14.001 in Europa erfolgreicher. Nach ihr ließen

---

[228] S. Evaluationsbericht der Bundesregierung, BT-Drs. 13/11127, 5.

[229] S. Evaluationsbericht der Bundesregierung, BT-Drs. 13/11127, 6f.

[230] S. Lütkes/Ewer, NVwZ 1999, 20; s. hierzu auch Frings/Schmidt 1998, 395.

[231] S. Evaluationsbericht der Bundesregierung, BT-Drs. 13/11127, 7; s. hierzu auch die Tabelle in Wagner/Budde, ZUR 1997, 255.

[232] S. Evaluationsbericht der Bundesregierung, BT-Drs. 13/11127, 7; s. hierzu auch die Tabelle in Wagner/Budde, ZUR 1997, 254.

[233] S. hierzu auch Frings/Schmidt 1998, 395.

[234] S. Evaluationsbericht der Bundesregierung, BT-Drs. 13/11127, 7: alle Zahlen beziehen sich auf Ende 1997.

sich bis Juni 1998 bereits 2.448 Unternehmen zertifizieren.[235] Nur in der Bundesrepublik Deutschland und in Österreich liegt das Umweltschutzaudit nach der UAVO vorn.[236]

Zur Evaluierung des Umweltschutzaudits wurden zahlreiche empirische Untersuchungen durchgeführt, die alle im wesentlichen zu den gleichen Ergebnissen kommen. Im folgenden werden wichtige Ergebnisse der Untersuchungen des Umweltgutachterausschusses (UGA), der Arbeitsgemeinschaft Selbständiger Unternehmer e.V. (ASU) und der Verwaltungshochschule Speyer vorgestellt.

- Der UGA hat im Winter 1996/97 eine Unternehmensbefragung bei den bis Ende 1996 registrierten 468 Unternehmensstandorten durchgeführt. Danach wurden als Hauptmotiv für die Teilnahme am Umweltschutzaudit die Verbesserung des betrieblichen Umweltschutzes, die Erhöhung der Rechtssicherheit, die Imageverbesserung sowie die Kosteneinsparung genannt. Für die Unternehmen haben sich nach eigenen Angaben die Erwartungen an eine Verbesserung des betrieblichen Umweltschutzes in 89% der Fälle, an eine Imageverbesserung in 58%, an die Erhöhung des Rechtssicherheit in 57% sowie an Kosteneinsparungen in 46% der Fälle erfüllt.[237] 81% der Befragten gaben an, dass sich der Aufwand zur Einführung des Umweltschutzaudits gelohnt habe, während lediglich 6% dies verneinten.

  Als Kosten für die Einführung des Umweltmanagementsystems einschließlich der betriebsinternen Kosten wurden zwischen 6.000 DM und 800.000 DM angegeben. Als arithmetisches Mittel ergab sich ein Betrag von 102.241 DM.[238]

- Die ASU führte im Herbst 1997 eine Unternehmensbefragung bei mittelständischen Betrieben durch. In dieser wurden die Ergebnisse der UGA-Befragung im wesentlichen bestätigt. Darüber hinaus hat die Befragung ergeben, dass die Einrichtung eines Umweltmanagementsystems ökonomisch sinnvoll ist. Jeweils etwa ein Drittel der Befragten haben jährliche Einspareffekte von 10.000 bis 100.000 DM oder sogar von

---

[235] S. hierzu auch Lütkes/Ewer, NVwZ 1999, 20.

[236] S. Schottelius, NVwZ 1998, 810.

[237] S. zu den Motiven auch die Tabelle in Wagner/Budde, ZUR 1997, 256.

[238] S. hierzu die Zusammenfassung im Evaluationsbericht der Bundesregierung, BT-Drs. 13/11127, 7.

100.000 bis 500.000 DM. Knapp die Hälfte der Befragten berichten von Einsparungen von über 100.000 DM. Dem stehen durchschnittlich aufzuwendende Kosten für die Errichtung eines Umweltmanagementsystems von 160.680 DM gegenüber. Bezieht man die Einspareffekte auf die Auditkosten ergibt sich eine Amortisationszeiten von durchschnittlich weniger als 1,5 Jahren.[239]

Die ASU-Befragung hat außerdem ergeben, dass 59% der Unternehmen technische Änderungen an vorhandenen Anlagen vorgenommen haben. In 49% der Unternehmen wurden Problemstoffe verringert oder substituiert. In 37% der Unternehmen wurde unter Einsatz neuer Technik das Produktionsverfahren umgestellt. 33% der Unternehmen haben ihre Produktplanung und 34% das Transportwesen nach ökologischen Kriterien optimiert. Danach konnten Umweltentlastungen in 46% der Unternehmen durch Abfallverringerung, in 32% der Unternehmen durch Wasser-/Abwasserreduktion, in 26% durch Verminderung des Energieeinsatzes und in 22% durch Emissionsminderungen erzielt werden.[240]

- Nach einer Untersuchung der Verwaltungshochschule Speyer, die bereits im Jahr 1996 unter allen registrierten Standorten durchgeführt worden war, gaben 32,2% der befragten Unternehmen an, aus dem Umweltschutzaudit Vorteile bei der Mitarbeitermotivation, 17,3% bei Kundengesprächen, 15,1% bei Verhandlungen mit Banken und Versicherungen, 5,8% bei Behördenkontakten und 2,9% bei der Auftragsvergabe gezogen zu haben. 15,1% erzielten Verbesserungen im betrieblichen Umweltschutz und 10,1% reduzierten ihre Produktionskosten. Von den befragten Unternehmen sahen 50,7% ihre Erwartungen als voll erfüllt, 36,6% als teilweise erfüllt und 12% als nicht erfüllt an.[241]

Die Bundesregierung hat die bisherigen Erfahrungen mit dem Umweltschutzaudit, seiner Regulierung und administrativen Durchführung „insgesamt als positiv" bewertet. Die „rege Beteiligung von Unternehmen am Umwelt-Audit-System und deren positive Erfahrungen bei der Umsetzung des Umwelt-Audit-Systems in ihren Betrieben belegen auch dass die vom UAG gesetzten

---

[239] ASU/UNI 1997, 24 ff.

[240] S. ASU/UNI 1997, 29 ff.; s. hierzu auch die Zusammenfassung im Evaluationsbericht der Bundesregierung, BT-Drs. 13/11127, 7.

[241] Wagner/Budde. ZUR 1997, 258.

Rahmenbedingungen für den Erfolg des Systems förderlich sind".[242] Die ökologische Wirksamkeit konnte in einer Untersuchung des Bundesumweltministeriums und des Bundesumweltamts aus methodischen Gründen bisher nicht oder nur sehr schwierig und mit großem Aufwand objektiv und umfassend bewertet werden. An diesem Punkt wird Verbesserungsbedarf gesehen und die Bundesregierung will sich bei der Revision der UAVO für eine Verbesserung der ökologischen Wirksamkeit und ökonomischen Effizienz des Umweltschutzauditsystems einsetzen.[243]

3.1.3   Konsequenzen für ein Datenschutzaudit

Die Idee des Umweltschutzaudits ist von der deutschen Wirtschaft nach anfänglichem Widerstand[244] aufgenommen und umgesetzt worden. Im Gegensatz zur Wirtschaft in anderen Mitgliedstaaten hat sie das rechtlich geregelte, in seiner Außenwirkung abgesicherte und unter staatlicher Kontrolle stehende Auditverfahren dem privaten Verfahren nach ISO 14.001 weit überwiegend vorgezogen. Die Konzeption des Umweltschutzaudits entspricht offensichtlich ihren Möglichkeiten und Bedürfnissen. Ihre Erwartungen gegenüber dem Audit werden zu einem sehr großem Teil erfüllt. Dementsprechend ist sie auch bereit, den organisatorischen und finanziellen Aufwand für die Durchführung des Auditverfahrens zu erbringen. Die Nachfrage nach dem Umweltschutzaudit ist relativ groß, auch im Dienstleistungsbereich, bei Banken und Versicherungen, in der Landwirtschaft, im Transportgewerbe und in der öffentlichen Verwaltung. Diese und weitere Teilnehmergruppen können sich seit Inkrafttreten der UAG-Erweiterungsverordnung 1998 ebenfalls am Umweltschutzaudit beteiligen.[245]

Die Gutachter, denen entscheidende Bedeutung für die Akzeptanz des Verfahrens zukommt,[246] haben ebenfalls die Bedingungen der Zulassung und Aufsicht akzeptiert. Für sie hat sich durch das Umweltschutzaudit ein neuer Geschäftsbereich eröffnet.

---

[242] S. Evaluationsbericht der Bundesregierung, BT-Drs. 13/11127, 8; ähnlich auch Hüwels (DIHT) nach Stuer/Rüde, DVBl 1998, 86.

[243] S. Evaluationsbericht der Bundesregierung, BT-Drs. 13/11127, 8.

[244] S. hierzu Schottelius, BB 1997, Beilage 2, 8; s. zu den anfänglichen Bedenken aus rechtlicher Sicht z.B. Kloepfer, DB 1993, 1129.

[245] S. hierzu näher Knopp, BB 1998, 1121 ff.

[246] S. Evaluationsbericht der Bundesregierung, BT-Drs. 13/11127, 8.

Die Bundesregierung, insbesondere das Bundesumweltministerium, sieht das Umweltschutzaudit ebenfalls als einen Erfolg an. Die Umweltschutzbehörden der Länder sehen im Umweltschutzaudit eine geeignete Ergänzung und Entlastung zu ihrer Aufsichtstätigkeit und unterscheiden in ihrer Aufsichtstätigkeit zwischen auditierten und nicht-auditierten Standorten.[247] In einigen Bundesländern wurden Regelungen erlassen, die Erleichterungen im Umweltordnungsrecht für auditierte Standorte vorsehen.[248]

In der Öffentlichkeit stießen die Umwelterklärungen der Unternehmen auf großes Interesse. Mehrere Umweltinstitute veranstalteten „Rankings" deutscher Unternehmen, die in der Presse mit großer Aufmachung publiziert wurden.[249] Daher kann auch davon ausgegangen werden, dass der Kommunikationsaspekt des Umweltschutzaudits in der Öffentlichkeit weitgehend angenommen wird. Die Unternehmen haben die Erfahrung gemacht, dass sie eine breite Palette von Anspruchsgruppen mit Ihren Umweltberichten und -erklärungen erreichen können. Sie werden etwa zu 22% an Mitarbeiter, zu 16% an Medien, zu 15% an Kunden, zu 110% an Lieferanten, zu 13% an die Öffentlichkeit am Standort, zu 8% an Behörden, zu ebenfalls 8% an Verbände und zu weiteren 8% an Sonstige abgegeben.[250]

Für die Unternehmen haben die Umweltschutzaudits auch Auswirkungen auf deren Haftungssituation. Die Umweltbetriebsprüfungen vermögen zum einen – als eine Art Frühwarnsystem – das tatsächliche Haftungsrisiko zu senken, indem Risiken erforscht, vermindert und kontrolliert werden und die Einhaltung von Sorgfaltspflichten gewährleistet wird. Zum anderen kann ein funktionierendes Umweltmanagementsystem sowohl faktisch als auch rechtlich die Ausgangssituation für die Gefährdungshaftung nach UmwHaftG, die Verschuldenshaftung nach § 823 BGB und die strafrechtliche Verantwortlichkeit verbessern.[251] Für ein Da-

---

247 S. hierzu auch Sellner/Schnutenhaus, NVwZ 1993, 932.

248 Dies wird von Art. 10 Abs. 2 UAVO-RevE den Mitgliedstaaten zur Aufgabe gemacht – s. hierzu auch Lütkes/Ewer, NVwZ 1999, 24. S. zu Möglichkeiten der „Deregulierung" z.B. Feldhaus, UPR 1997, 341; Kniep, GewArch. 1997, 142; IHK Frankfurt (Oder) 1996; Lübbe-Wolff, ZUR 1996, 173; Hansmann 1996, 214 ff.; Rhein 1996, 209 ff.; Spindler, ZUR 1998, 289.

249 S. z.B. Capital 5/1998 vom 24.4.1998: „Der Shareholder-Value wird grün"; Hönes/Küppers 1998.

250 S. Clausen/Fichter, 1995, 67.

251 S. hierzu Schneider, Verwaltung 1995, 367, 381f.; Falk, EuZW 1997, 593; Ganse/Gasser/Jasch 1997, 17, 109 ff.; Dombert 1998, 249 ff.; Strate/Wohlers 1998, 267 ff..

tenschutzaudit sind ähnliche Auswirkungen zu erwarten. Nach der Vorschrift des § 7 Abs. 1 Satz 2 BDSG-E entfällt die Ersatzpflicht aus der Verschuldenshaftung nach Satz 1, soweit die verantwortliche Stelle die nach den Umständen des Falles gebotene Sorgfalt beachtet hat. Dieser Nachweis wird mit einem Datenschutzaudit erheblich leichter fallen als ohne ein solches.

Wie hoch der Effekt des Umweltschutzaudits für die Umwelt ist, kann aus methodischen Gründen nicht oder nur sehr schwierig und mit großem Aufwand objektiv und umfassend bewertet werden. Jedenfalls führt das Umweltschutzaudit zu einer Verringerung des Ressourcenverbrauchs und der Emissionen in den auditierten Betrieben.

Insgesamt kann das in der gesamten Europäischen Gemeinschaft geltende Verfahren des Umweltschutzaudits als Vorbild für die Konzeption eines Datenschutzaudits genommen werden. Allerdings muss immer wieder geprüft werden, inwieweit es für die völlig andere Zielsetzung des Datenschutzes als tauglich erscheint. Zwei grundsätzliche Unterschiede sind bereits hier zu nennen, auch wenn erst später daraus Konsequenzen gezogen werden.

Für das Umweltmanagementsystem sind die Grundrechte der Nachbarn oder eventuell auch der Käufer des produzierten Produkts zwar zu beachten, stehen aber nicht im Mittelpunkt der Anstrengungen. Sie sind von der Tätigkeit der Organisation eher indirekt betroffen. Die besondere Kommunikationsmöglichkeit des Umweltschutzaudits richtet sich daher nicht vorwiegend und nicht schwerpunktmäßig an die Nachbarn oder Produktkäufer, sondern breiter und gleichmäßiger an alle Anspruchsgruppen. Dagegen besteht etwa im Bereich der Teledienste eine direkte und damit viel stärkere Verbindung zwischen Anbieter und Nutzer. Die personenbezogenen Daten des Nutzers sind – unter anderem – unmittelbar Gegenstand der Kooperation. Das Vertrauen des Nutzers in die korrekte Datenverarbeitung ist unmittelbare Voraussetzung der Kooperation.[252] Die besondere Kommunikationsmöglichkeit des Datenschutzaudits dürfte daher überwiegend und unmittelbar auf den Nutzer ausgerichtet sein.[253] Dies mag für andere Anwendungsfelder der Verarbeitung personenbezogener Daten nicht im gleichen Maß gelten. Werden die Da-

---

[252] S. hierzu Kap. 1.

[253] Ohne dass dies die Kommunikation mit anderen Anspruchsgruppen in irgend einer Weise ausschließt.

ten Dritter verarbeitet, könnte sich die Situation des Datenschutzaudits stärker der des Umweltschutzaudits annähern. Ein gradueller Unterschied dürfte aber auch in diesem Fall bestehen.

Der zweite Unterschied betrifft den Gegenstandsbereich des Datenschutzaudits und die daraus abzuleitende Werbemöglichkeit. Gegenstandsbereich des Umweltschutzaudits ist der Standort. Daher gilt der Grundsatz: Die Werbemöglichkeit kann sich nur auf den auditierten Standort, nicht aber auf ein nicht auditiertes Produkt beziehen.[254] Für die Datenverarbeitung und insbesondere für Teledienste scheidet der Standort als tauglicher Gegenstandsbereich aus. Vielmehr hat sich das Audit auf die jeweilige Anwendung zu beziehen.[255] Da aber – wie bei Telediensten – oft die Anwendung das „Produkt" des datenverarbeitenden Unternehmens ist und das Angebot des Unternehmens sich auf die Anwendung beschränkt, lässt sich eine klare Unterscheidung zwischen „Unternehmen" „Anwendung" und „Produkt" nicht treffen. Die Konzeption des Datenschutzaudits muss daher auf die Grundüberlegung auch des Umweltschutzaudits zurückkehren, dass die Werbemöglichkeit sich nur auf den auditierten Gegenstand beziehen kann. Diese Grundüberlegung muss beim Datenschutzaudit zu anderen Ergebnissen wie beim Umweltschutzaudit führen: Mit dem Datenschutzauditzeichen darf für die auditierte Anwendung – innerhalb der Anwendung und in der allgemeinen Unternehmenswerbung – geworben werden.[256]

Trotz dieser Unterschiede empfiehlt es sich, das Datenschutzaudit an dem Vorbild des Umweltschutzaudits zu orientieren. Für die Übertragung von Erkenntnissen aus dem Bereich des Umweltschutzaudits auf den des Datenschutzaudits werden im folgenden die umweltrechtlichen Regelungen nicht noch einmal wiederholt. Auf sie wird – soweit erforderlich – in den Fußnoten hingewiesen. Vielmehr wird ihr Gehalt – soweit sinnvoll – bereits auf das Datenschutzaudit übertragen.

3.2   Auditierungskonzept

Das entscheidende Mittel, um die genannten Ziele zu erreichen, ist die Einführung eines Datenschutzmanagementsystems und dessen wiederkehrende interne und externe Überprüfung und

---

[254] Das Werbeverbot für Produkte soll jedoch nach dem UAVO-RevE gelockert werden - s. hierzu näher Kap. 3.6.

[255] S. näher Kap. 3.3.2.

[256] S. näher Kap. 3.6.

Verbesserung. Entsprechend seiner Herkunft aus dem Lateinischen (audire – hören) bezeichnet Audit eine strukturierte Anhörung betroffener Personenkreise durch kompetente Prüfer.[257] Dieser Begriff ist seit längerem im Sprachschatz der Wirtschaftsprüfer zu finden und meint dort eine Rechnungs- oder Buchprüfung. Auditverfahren können verschiedene Ziele verfolgen. Sie können einmal der Überprüfung der Übereinstimmung des Unternehmenshandelns mit den geltenden Vorschriften dienen (Kontrollaudit), der Beurteilung des Firmenwertes (Aquisitionsaudit),[258] der Bewertung von Produkten (Produktaudit) und der Überprüfung von Organisationsstrukturen und -abläufen (Systemaudit).[259]

3.2.1   Systemaudit

Wie bereits ausgeführt, würde die Ausgestaltung des Datenschutzaudits als eines öffentlichen, rechtlich geregelten Verfahrens im Form eines reinen Kontroll-Audits zu kurz greifen. Für viele Unternehmen mögen interne Kontrollen, ob sie die geltenden Datenschutzbestimmungen einhalten, sinnvoll sein. In dieser Hinsicht mag das Diskursprojekt „quid!", das ein Gütesiegel für die Einhaltung rechtlicher Anforderungen an den betrieblichen Datenschutz untersucht, seine Berechtigung haben.[260] Die gleiche Zielrichtung verfolgt die vom Landesdatenschutzbeauftragten Schleswig-Holstein vorgeschlagene Regelung, Verfahren zur Verarbeitung personenbezogener Daten im Bereich der Landesverwaltung vorab zu überprüfen.[261] Es kann aber nicht die einzige Aufgabe für ein öffentliches Datenschutzaudit sein, die Einhaltung rechtlicher Anforderungen, die für alle gelten, noch einmal gesondert zu regeln und – vor allem – zu prämieren.

Ebenso kann eine Aquisitionsbewertung keine Aufgabe für das Datenschutzaudit sein. Ein Aquisitionsaudit mag für die Eigen- oder Fremdbewertung eines Unternehmens hilfreich sein. Es ist jedoch zu bezweifeln, dass den Datenschutzvorkehrungen große

---

[257] Kothe 1996, 5.

[258] S. Scherer, NVwZ 1993, 12.

[259] Dabei besteht jedoch keine einheitliche Verwendung der jeweiligen Terminologie, s. z.B. Heuvels, Umwelt-Wirtschafts-Forum 1993, Heft 3, 44; zu den verschiedenen Formen von Audits s. z.B. auch Köck, JZ 1995, 643f.; Janke 1995, 38 ff.; Rhein 1996, 9 ff.; Lechelt 1998, 18f.

[260] S. Kap. 1.2.

[261] S. Kap. 1.2.

Bedeutung für den wirtschaftlichen Wert eines Unternehmens zugerechnet wird.

Ein Produktaudit könnte schon eher die Zielsetzungen des Datenschutzaudits erfüllen. Ein solches haben wohl alle die im Sinn, die „datenschutzfreundliche Produkte auf dem Markt" fördern wollen,[262] die einen „Blauen Engel" für datenschutzfreundliche Produkte fordern[263] oder die ein „Gütesiegel" vorsehen wollen.[264] Dann wäre aber das Umweltqualitätszeichen[265] das geeignete Vorbild,[266] nicht das Umweltschutzaudit.

Für die Qualitätsprüfung von IT-Produkten gibt es bereits die Zertifizierung von Sicherheitseigenschaften durch das Bundesamt für die Sicherheit in der Informationstechnik (BSI). Nach § 4 BSIG und der BSI-Zertifizierungsverordnung[267] kann der Hersteller oder Vertreiber informationstechnischer Systeme oder Komponenten ein Sicherheitszertifikat beantragen. Erfüllt er die Voraussetzungen der beantragten Sicherheitsstufe, wird ihm das Zertifikat schriftlich erteilt. Das BSI veröffentlicht mit seiner Einwilligung die Zertifizierung in einer Liste zertifizierter Produkte. Das

---

[262] So in der Begründung zu § 17 des Gesetzentwurfs der Bundestagsfraktion BÜNDNIS90/DIE GRÜNEN, BT-Drs. 13/9082, 24. In diesem Sinn könnte auch die Enquete-Kommission „Zukunft der Medien in Wirtschaft und Gesellschaft - Deutschlands Weg in die Informationsgesellschaft", BT-Drs. 13/11002, 104, verstanden werden, wenn sie „die Möglichkeit eines Datenschutzaudits für einen guten Weg (hält), einen Anreiz für die Hersteller auf dem Gebiet der Informations- und Kommunikationstechnik zu schaffen, ihre Produkte einer Kontrolle von Datenschutz- und Datensicherheitsfunktionen zu unterwerfen".

[263] So der Berliner Datenschutzbeauftragte 1997, 134.

[264] So die Begründung zu § 17 des MDStV; Bachmeier, DuD 1996, 680; Engel-Flechsig, DuD 1997, 15.

[265] S. zum „Blauen Engel", der ohne eigentliche Rechtsgrundlage verliehen wird, z.B. Roller, EuZW 1992, 499 ff.; Wimmer, BB 1989, 565 ff. S. zur „Europäischen Blume" EG-Verordnung über ein europäisches Umweltzeichen vom 23.3.1992, EG-ABl. L 99/1, s. zu diesem auch EG-Kommission, Entscheidung über einen Mustervertrag über die Bedingungen für die Verwendung des Umweltzeichens der Gemeinschaft vom 15.9.1993, EG-ABl. L 243/13.

[266] Das Diskursprojekt „quid!" an der Fachhochschule Frankfurt am Main orientiert sich für das Gütesiegel für den betrieblichen Datenschutz an der von der Schwedischen Zentralorganisation der Angestellten und Beamten (TCO) entwickelten Norm für die Einhaltung von Strahlungswerten für Computerbildschirme.

[267] BSI-Zertifizierungsverordnung vom 7.7.1992, BGBl. I 1230; s. hierzu außerdem die BSI-Kostenverordnung vom 29.10.1992, BGBl. I, 1838.

Zertifikat kann der Inhaber zur Information der Verbraucher und zur Produktwerbung benutzen.[268]

Diese Produktzertifizierung gibt es bisher nur für das Kriterium der Sicherheit im Sinn von Verfügbarkeit, Vertraulichkeit und Integrität nach § 2 BSIG. Sie könnte auf die Prüfung der Datensicherheit im Sinn des § 9 BDSG und seiner Anlage sowie produktbezogener Datenschutzanforderungen[269] ausgeweitet werden. Die Regelung in § 9a BDSG-E, dass Anbieter von Datenverarbeitungssystemen und -programmen ihre technischen Einrichtungen prüfen und bewerten lassen sowie das Ergebnis veröffentlichen können, sollte in dieser Weise konkretisiert werden.[270]

Für Anwendungen datenverarbeitender Stellen greift eine reine Produkt-Zertifizierung jedoch zu kurz und würde für diese die Ziele des Datenschutzaudits verfehlen. Die Anwendung besteht aus mehr als nur aus technischen Einrichtungen sowie Datenverarbeitungssystemen und -programmen. Für diese kann die datenschutzfreundliche Konzeption und Ausführung in Form eines „Blauen Engels" oder eines BSI-Zertifikats geprüft und bestätigt werden.[271] Dies setzt jedoch deren abschließende Qualifizierung voraus. Die Prüfung ist auf einen ganz spezifischen Gegenstand bezogen, für ein abschließendes Urteil sehr voraussetzungsvoll und muss bei jeder neuen Version des geprüften Gegenstandes erneut durchlaufen werden.[272] Eine solche Prüfung ist statisch und objektbezogen.

Dagegen soll das Datenschutzaudit prozessbezogen sein und einen dynamischen Lernprozess initiieren. In ihm soll die Fähigkeit einer datenverarbeitenden Stelle überprüft und prämiert werden, flexibel auf die rasanten Veränderungen der Informations- und Kommunikationstechniken zu reagieren und die sich dadurch immer wieder neu stellenden Herausforderungen für den Datenschutz zu meistern. Daher zielt das Datenschutzaudit nicht auf die einmalige Evaluierung eines Produkts, sondern auf die Fä-

---

[268] S. hierzu z.B. Blattner-Zimmermann, DuD 1998, 222f.

[269] S. z.B. für ISDN-Anlagen Pordesch/Hammer/Roßnagel 1991 und Hammer/Pordesch/Roßnagel 1993; für Chipkarten Konferenz der Datenschutzbeauftragten des Bundes und der Länder, DuD 1997, 254; Weichert, DuD 1997, 266.

[270] S. hierzu näher Kap. 5.1.

[271] Bei einem reinen Produkt-Audit käme als weiteres Problem die Integration des Produkts in seine – meist unsichere - Anwendungsumgebung hinzu.

[272] S. für die Datensicherheit z.B. die Produktzertifizierung durch das BSI nach dem BSIG.

higkeit, immer wieder neue Lösungen zu generieren, und daher auf die kontinuierliche Verbesserung eines Datenschutzmanagementsystems. Gegenstand des Datenschutzaudits ist die Funktionsfähigkeit und Zweckmäßigkeit des organisationsinternen Datenschutzmanagements.[273]

Diese Bestimmung des Gegenstands und der Zielsetzung eines Datenschutzaudits beeinflussen den Prüfungsumfang und die Prüfungstiefe. Das Audit kann nicht die vollständige und abschließende Prüfung der Datenschutzkonformität eines Teledienstes oder einer sonstigen Anwendung umfassen.[274] Es kann vielmehr nur auf eine Überprüfung des Datenschutzmanagementsystems und der Datenschutzerklärung zielen, die als Grundlage für die Bewertung der Funktionsfähigkeit und Zweckmäßigkeit des internen Datenschutzmanagements genommen wird. Die Feststellungen und Erklärungen der verschiedenen Datenschutzverantwortlichen für eine Anwendung werden im Rahmen des internen Audits überprüft und zur zusammenfassenden Datenschutzerklärung zusammengestellt. Diese wird vom externen Datenschutzgutachter danach überprüft, ob sie mit dem geltenden Datenschutzrecht vereinbar ist und ausreichende Ansatzpunkte für eine kontinuierliche Verbesserung des Datenschutzes enthält.[275] Ob die Datenschutzerklärung die tatsächliche Konzeption, Ausgestaltung und Betriebsweise der Anwendung korrekt wiedergibt, hat der externe Datenschutzgutachter stichprobenweise durch Betriebsbesichtigungen, Tests, Befragung der Beschäftigten, Protokollanalysen und ähnliche Maßnahmen zu überprüfen.[276] Um es nochmals zu betonen: Das Datenschutzaudit darf nicht auf eine bürokratische Verdopplung behördlicher Kontrollen anhand abgeschlossener Kriterienkataloge hinauslaufen. Vielmehr soll sich der Gutachter von der Eignung des Datenschutzmanagementsystems überzeugen, die Einhaltung des

---

[273] So Kothe 1996, 5 für das Umweltschutzaudit; für das Datenschutzaudit Roßnagel, DuD 1997, 509; so dürfte wohl auch die Enquete-Kommission „Zukunft der Medien in Wirtschaft und Gesellschaft - Deutschlands Weg in die Informationsgesellschaft", BT-Drs. 13/11002, 104, zu verstehen sein, wenn sie einen Vorteil des Datenschutzaudits darin sieht, „dem Nutzer die Überprüfung des Umgangs eines Unternehmens mit personenbezogenen Daten zu ermöglichen".

[274] Zu Prüfungsumfang und -tiefe beim Umweltschutzaudit s. z.B. Müggenborg, DB 1996, 125; Lübbe-Wolff, DVBl 1995, 367; Köck, JZ 1995, 648; Schneider, Verwaltung 1995, 379; Hansmann 1996, 210f.; Bartram 1998, 80; Wohlfahrt/Signon 1998, 109 ff.; Ewer 1998, 116 ff.

[275] S. zu den Kriterien des Audits näher Kap. 3.4.

[276] S. für das Umweltschutzaudit z.B. Lechelt 1998, 12.

Datenschutzrechts sicherzustellen sowie engagiert und kreativ zu einer Verbesserung des Datenschutzes beizutragen.[277]

Die Möglichkeit, ein solches Datenschutzaudit sinnvoll durchführen zu können, wird jedoch in Frage gestellt: Ein Datenschutzmanagementsystem sei wegen seiner Komplexität, Verzahnung mit anderen Managementsystemen und seiner ständigen Veränderung nur sehr eingeschränkt sinnvoll durch externe Gutachter auditierbar. Außerdem könne die Einhaltung so komplizierter Rechtsregelungen, wie sie das Datenschutzrecht enthält, nicht sinnvoll durch externe Gutachter überprüft werden.[278] Diese Kritik verkennt zum einen, dass die Auditierung in der Regel nicht durch externe Gutachter, sondern durch das Unternehmen selbst erfolgt – unter aktiver Mitwirkung des betrieblichen Datenschutzbeauftragten.[279] Umweltschutzmanagementsysteme sind ebenso kompliziert und dynamisch – und dennoch funktioniert ein Audit bei den etwa 2000 Unternehmen, die sich in der Bundesrepublik Deutschland an ihm beteiligen. Auch dürfte das Umweltrecht nicht weniger kompliziert sein als das Datenschutzrecht. Wenn kritisiert wird, ein Datenschutzaudit könne bestenfalls eine Momentaufnahme des Datenschutzmanagementsystems bewerten,[280] so wird dabei zum einen verkannt, dass das Datenschutzaudit gerade die Wandlungsfähigkeit des Managementsystems bewerten soll, seine Fähigkeit also, auf die rasant sich wandelnden Anforderungen an den Datenschutz immer wieder adäquat zu reagieren. Zum anderen wird gerade der Prozesscharakter eines Datenschutzaudits übersehen, der in aufeinanderfolgenden Prüfzyklen gerade zu einer kontinuierlichen Verbesserung des Datenschutzes beitragen soll.

Nach den Überlegungen dieses Abschnitts kann festgehalten werden: Erstens soll das Datenschutzaudit eine Ressource nutzen, die für den Datenschutz bisher noch nicht genutzt wird, nämlich die Möglichkeiten eines Datenschutzmanagements.[281] Dementsprechend ist das Datenschutzaudit als Systemaudit zu konzipieren. Dies bedeutet zweitens mit Blick auf die Konkretisierung der Programmnorm des § 9a BDSG-E, dass zwischen der

---

277   Zu den Konsequenzen dieser eingeschränkten Prüfung für die Werbemöglichkeiten.

278   Zu beiden Argumenten s. Drews/Kranz, DuD 1998, 94.

279   S. hierzu ausführlich Roßnagel, DuD 1997, 512 ff.

280   So Drews/Kranz, DuD 1998, 94.

281   S. hierzu für das Umweltschutzaudit näher Theuer 1998, 59 ff.

Produktzertifizierung für technische Einrichtungen der Anbieter von Datenverarbeitungssystemen und -programmen und dem Datenschutzaudit für das Datenschutzmanagementsystem der datenverarbeitenden Stellen unterschieden werden sollte.[282] Drittens darf das Datenschutzaudit nicht durch einen abschließenden Kriterienkatalog zu einem bürokratischen Soll-Ist-Vergleich erstarren. Vielmehr ist im Rahmen eines offenen Kriteriensystems vom Datenschutzgutachter die Eignung des Datenschutzmanagementsystems festzustellen und zu bewerten.[283] Der Integrität und Fähigkeit des Datenschutzgutachters kommt daher eine besondere Bedeutung zu.[284] Die folgenden Ausführungen beschränken sich auf das Datenschutzaudit im Sinn eines solchen Systemaudits für das Datenschutzmanagementsystem.

3.2.2   Freiwilliges Audit

Das Datenschutzaudit sollte freiwillig sein.[285] Für die Unternehmensvertreter, die sich bisher zum Datenschutzaudit geäußert haben, ist dies eine essentielle Voraussetzung für die Akzeptanz des Datenschutzaudits.[286] Die Freiwilligkeit führt zwar dazu, dass möglicherweise gerade die Unternehmen nicht am Verfahren teilnehmen, für deren Datenverarbeitung ein großer Verbesserungsbedarf und ein besonderes Interesse in der Öffentlichkeit besteht.[287] Für eine freiwillige Teilnahme sprechen jedoch vor allem zwei Erwägungen: Zum einen lässt die Freiwilligkeit der

---

[282]   S. hierzu Kap.5.1.

[283]   S. näher Kap. 3.4.

[284]   S. hierzu näher Kap. 3.8.

[285]   Ebenso Entschließungsantrag der SPD-Bundestagsfraktion, BT-Drs. 13/7936, 5; Vogt/Tauss 1998, 19; Bachmeier, DuD 1996, 680; Roßnagel, DuD 1997, 509; s. auch Task Force on Electronic Commerce 1999, 19; kritisch gegenüber der freiwilligen Teilnahme am Umweltschutzaudit Führ, EuZW 1992, 471, und Führ, NVwZ 1993, 860. Die EG-Kommission hatte in den ersten Konzeptentwürfen zum Umweltschutzaudit 1990 noch eine Rechtspflicht zur Teilnahme am Umweltschutzaudit vorgesehen. Erst angesichts des massiven Widerstands zahlreicher europäischer Industrieverbände und einiger Mitgliedstaaten ersetzte die Kommission ihr Konzept eines Zwangsaudits durch die später verabschiedete Form einer freiwilligen Teilnahme – s. Scherer, NVwZ 1993, 16.

[286]   S. z.B. VDMA/ZVEI, Schriftliche Stellungnahme zur Anhörung zum IuKDG am 14.5.1997; Arbeitskreis „Datenschutzbeauftragte" im Verband der Metallindustrie Baden-Württemberg (VMI), s. DuD 1999,281 ff.; Königshofen, DuD 1999, 266 ff.

[287]   Aus diesem Grund enthält § 14 des Allgemeinen Teils des vorgeschlagenen Umweltgesetzbuchs eine Verpflichtung für Großbetriebe, eine Öko-Bilanz durchzuführen.

Beteiligung einen wesentlich größeren Raum für die Formulierung anspruchsvoller Vorgaben, die zu erreichen tatsächlich nicht alle Unternehmen in der Lage sind. Zum anderen widerspräche eine verpflichtende Teilnahme der Systematik des Instruments. Denn wenn die Eigenverantwortlichkeit der Unternehmen gestärkt werden soll, so wäre hierfür kein Raum, wenn die Teilnahme verpflichtend ist. Außerdem kommt der Öffentlichkeit eine entscheidende Rolle zu, indem sie über die Marktnachfrage die Unternehmen zu einer Teilnahme veranlassen soll. Als marktorientiertes Instrument kann das Datenschutzaudit aber nur funktionieren, wenn die Teilnahme an ihm freiwillig ist. Das Datenschutzaudit ist gerade kein „Ansatz einer externen Fremdregulierung"[288], sondern ein Instrument der unternehmensinternen Selbstregulierung mit öffentlicher Anerkennung.

Wenn darauf hingewiesen wird, dass größere Unternehmen sich dem freiwilligen Angebot zur Teilnahme an einem Datenschutzaudit nicht lange entziehen könnten und für sie „aus der formalen Freiwilligkeit ... ein faktischer Zwang" werden,[289] so wird damit ein Effekt angedeutet, den das Datenschutzaudit gezielt erreichen will. Allerdings wird dabei verkannt, dass mit dem Datenschutzaudit kein autoritärer Zwang ausgeübt werden soll, sondern nur die Marktmechanismen für den Datenschutz ausgenutzt werden. Das Datenschutzaudit ist damit ebenso „zwanghaft" oder „freiwillig", wie die – wohl auch von den Kritikern anerkannten – Mechanismen des Wettbewerbs. Wenn Datenschutz und Datensicherheit sowie das Werben mit der Teilnahme am Datenschutzaudit zu einem Wettbewerbsfaktor werden, entsteht ein – gewollter – Wettbewerbsdruck auf konkurrierende Unternehmen. Dies zu beklagen, heißt marktwirtschaftliche Konkurrenz zu beklagen.[290]

Durch die Freiwilligkeit unterscheidet sich das Datenschutzaudit von Regelungen zur Vorabkontrolle oder zur Technikfolgenabschätzung. Nach Art. 20 der EG-Datenschutzrichtlinie haben die Mitgliedstaaten festzulegende Verarbeitungen personenbezogener Daten, die spezifische Risiken für die Rechte und Freiheiten der Betroffenen beinhalten können, durch die Kontrollstellen

---

[288]   So Drews/Kranz, DuD 1998, 94.

[289]   So Drews/Kranz, DuD 1998, 94.

[290]   Dieses Argument brachte die deutsche Wirtschaft ursprünglich auch gegen das Umweltschutzaudit vor – s. Schottelius, BB 1997, Beilage 2, 8, hat sich davon aber nicht abhalten lassen, sich in großer Zahl zu beteiligen.

nach Art. 28 der EG-Datenschutzrichtlinie vorab überprüfen zu lassen. Diese Anforderung wurde im Entwurf zur Novellierung des Bundesdatenschutzgesetzes des Bundesinnenministeriums[291] durch § 4d Abs. 5 und 6 umgesetzt. Danach sind die betrieblichen oder behördlichen Datenschutzbeauftragten für die Durchführung der Vorabkontrolle zuständig. Nach § 7 Abs. 3 des Niedersächsischen Landesdatenschutzgesetzes, nach § 7 Abs. 6 des Hessischen Landesdatenschutzgesetzes[292] und nach § 20 des Entwurfs für ein Bundesdatenschutzgesetz der Bundestagsfraktion BÜNDNIS90/DIE GRÜNEN[293] ist vor der Entscheidung über den Einsatz oder die wesentliche Änderung von automatisierten Verfahren, von denen spezifische Risiken ausgehen können, eine Technikfolgenabschätzung durchzuführen. Das Ergebnis der Technikfolgenabschätzung und seine Begründung sind dem behördlichen Datenschutzbeauftragten zur Prüfung zuzuleiten (§ 7 Abs. 6 des Hessischen Landesdatenschutzgesetzes) oder zu veröffentlichen (§ 20 des Entwurfs für ein BDSG der Bundestagsfraktion BÜNDNIS90/DIE GRÜNEN). Die Verfahren dürfen nur eingesetzt werden, wenn sichergestellt ist, dass die spezifischen Risiken wirksam beherrscht werden können. Im Unterschied zum Datenschutzaudit ist die Durchführung der Vorabkontrolle verpflichtend. Auch findet sie nur einmalig vor dem ersten Einsatz des Verarbeitungsverfahrens statt und orientiert sich allein an der Gesetzmäßigkeit des Verfahrens. Die Vorabkontrolle liefert keinen Beitrag zur kontinuierlichen Verbesserung des Datenschutzes und zur Markttransparenz der Datenschutzanstrengungen in einer Anwendung.

3.2.3   Auszeichnung der „Datenschutzvorreiter"

Das Datenschutzaudit ist ein Angebot zur Auszeichnung der Besten. Zwar wäre es schön, wenn sehr viele datenverarbeitende Stellen zu diesen Besten gehören würden. Doch darf dieses Ziel nicht durch eine Reduzierung der Anforderungen erkauft werden. Das Datenschutzaudit wird von den „Anspruchsgruppen" nur dann akzeptiert werden, wenn es ein verlässliches Unterscheidungsmerkmal zwischen hohem und niedrigem Daten-

---

[291]   Stand 13.1.1999.

[292]   S. hierzu auch die Begründung in LT-Drs. 14/3830, 20, nach die Regelung in Umsetzung des Art. 20 der EG-Datenschutzrichtlinie erfolgt ist.

[293]   BT-Drs. 13/9082. Nach der Begründung zu § 20 ist diese Regelung an § 7 Abs. 3 des Niedersächsischen Landesdatenschutzgesetzes orientiert und dient der Umsetzung des Art. 20 der EG-Datenschutzrichtlinie.

schutz- und Datensicherheitsniveau ist. Die bestätigte Datenschutzerklärung muss einen diskriminierenden Aussagewert haben. Die Bestätigung muss zwar grundsätzlich von jedem Unternehmen – bei entsprechenden Anstrengungen – erreicht werden *können*, darf aber nicht von jedem „Datenschutznachzügler" auch tatsächlich erreicht *werden*, sondern muss die „Datenschutzvorreiter" von diesem unterscheiden. Das Datenschutzaudit setzt daher hohe Anforderungen voraus. Es muss am Markt als Auszeichnung derer verstanden werden, die diesen hohen Maßstab erreichen.[294] Unter dieser Voraussetzung hat das Datenschutzauditzeichen einen Aussagewert und hilft bei der Auswahl von Angeboten. Nur dann geht von ihm ein entsprechender Anreiz aus, auch zu diesem Kreis der „Datenschutz-Besten" zu gehören. Das Datenschutzaudit könnte so auch auf die Unternehmen ausstrahlen, die noch nicht das notwendige Niveau erreichen, für die es aber erstrebenswert wird, ebenfalls dieses Unterscheidungsmerkmal für sich verwenden zu können.

Dieser Auszeichnungscharakter des Audits wird verkannt, wenn kritisierend darauf hingewiesen wird, dass von den 300.000 Unternehmen, die theoretisch am Umweltschutzaudit teilnehmen könnten, sich bisher nur circa 2.000 Unternehmen in der Bundesrepublik Deutschland beteiligen.[295] Zwar wäre mit Blick auf den Umweltschutz zu wünschen, dass noch viel mehr Unternehmen am Umweltschutzaudit teilnehmen. Würden jedoch alle 300.000 Unternehmen oder die weit überwiegende Mehrzahl von ihnen sich am Umweltschutzaudit beteiligen, verlöre dieses seinen Diskriminierungscharakter und wäre für die einzelnen Unternehmen als Auszeichnung kaum noch erstrebenswert.

Ob eine datenverarbeitende Stelle oder ein Anbieter von Telediensten am Datenschutzaudit teilnimmt, wird daher stark von seinem Akzeptanzbedarf und von seiner Orientierung auf bestimmte Anspruchsgruppen abhängen. Vermutlich genügen den wirtschaftlichen Anspruchsgruppen wie Business-Kunden, Aktionären, Banken oder Versicherungen auf internen Überprüfungen basierende Zusicherungen. Private und öffentliche Kunden sowie gesellschaftliche Anspruchsgruppen wie Behörden, Datenschutzbeauftragte, Medien, Datenschutzvereinigungen und die Öffent-

---

[294] Dies ist ein weiterer Grund dafür, dass eine reine Rechtmäßigkeitsprüfung, der nur der für alle gleichermaßen gültige Maßstab des geltenden Datenschutzrechts zugrunde liegt, für ein Datenschutzaudit nicht genügt – s. hierzu auch Kap. 3.4.1.

[295] So z.B. Schottelius, NVwZ 1998, 810.

lichkeit werden solchen Zusicherungen weniger Vertrauen schenken als externen und vergleichbaren Datenschutzvalidierungen.[296]

3.2.4   Datenschutzmanagementsystem

Das Datenschutzaudit sollte die regelmäßige Auditierung eines Managementsystems für Datenschutz und Datensicherheit sein. Zu diesem Zweck hat die datenverarbeitende Stelle einen spezifischen Teil ihres ohnehin bestehenden übergreifenden Managementsystems zu bestimmen, der die Aufgabe hat, die Einhaltung der Datenschutzvorschriften zu gewährleisten und Datenschutz und Datensicherheit kontinuierlich zu verbessern. Das Datenschutzmanagementsystem sollte einen strukturierten Prozess, eine Organisationsstruktur, Zuständigkeiten, Verhaltensweisen, Verfahren, Abläufe und Mittel bieten, um die kontinuierliche Verbesserung, deren Geschwindigkeit und Ausmaß von der datenverarbeitenden Stelle bestimmt wird, auch tatsächlich zu verwirklichen.

Um für vorhandene Managementsysteme die Erweiterung zu einem Datenschutzmanagementsystem zu erleichtern, sollten sich die Anforderungen an dieses spezifische Managementsystem weitgehend an den Vorgaben des Kap. 4 der Internationalen Norm für das Umweltmanagement ISO 14.001 und der Internationalen Norm für das Qualitätsmanagement ISO 9.001 orientieren.

Nachdem die Datenverarbeitung, ihre rechtlichen Anforderungen, ihre Schwachstellen und Risiken in einer Eingangsüberprüfung festgestellt worden sind, ist der erste Schritt zum Aufbau eines Datenschutzmanagementsystems, dessen Zielsetzungen und Handlungsgrundsätze in einer Datenschutzpolitik festzulegen. Die Datenschutzpolitik muß der Anwendung in bezug auf Art, Umfang und Wirkungen angemessen sein. Sie soll dem Datenschutzmanagementsystem die zielgerichtete Orientierung geben. Um sicherzustellen, daß die Datenschutzpolitik bekanntgemacht und umgesetzt wird, sollte sie dokumentiert, implementiert und aufrechterhalten sowie allen Mitarbeitern bekannt und der Öffentlichkeit zugänglich gemacht werden.

Eine wichtige Aufgabe des Managementsystems ist, die in der Eingangsprüfung für die Anwendung ermittelten Informationen zum Status von Datenschutz und Datensicherheit und der ein-

---

[296] S. für den Umweltschutz Dyllick, UWF 1995, 26; Feldhaus, UPR 1998, 43.

schlägigen Vorschriften weiterzuentwickeln und zu aktualisieren. Um die Aspekte des Datenschutzes und des Datensicherheit zu ermitteln, die vom Datenschutzmanagementsystem vorrangig zu behandeln sind, sind Verfahren einzuführen und aufrechtzuerhalten, um die Verfahrensschritte zu bestimmen, die bedeutende Auswirkungen auf Betroffene, Dritte oder die Allgemeinheit haben oder haben können. Dabei ist die Dringlichkeit der Maßnahmen ebenso zu berücksichtigen wie die Kosten und der Zeitaufwand sowie die Verlässlichkeit verfügbarer Daten. Außerdem muss die datenverarbeitende Stelle ein Verfahren einführen und aufrechterhalten, um gesetzliche und andere Anforderungen, zu deren Einhaltung sie sich verpflichtet und die für den Datenschutz und die Datensicherheit ihrer Anwendung relevant sind, zu ermitteln und zu dokumentieren.

Die Zielsetzungen und Handlungsgrundsätze der Datenschutzpolitik sind in einem Datenschutzprogramm zu konkretisieren und zu operationalisieren, um dem Datenschutzmanagementsystem umsetzbare Vorgaben zu geben. Die Vorgaben sollten konkret und die Einzelziele soweit möglich messbar sein. Sie sollten Festlegungen der Verantwortlichkeit für die Verwirklichung der Zielsetzungen und Einzelziele für jede relevante Funktion und Ebene der datenverarbeitende Stelle sowie die Mittel und den Zeitrahmen für ihre Verwirklichung enthalten. Bei der Betrachtung ihrer technischen Möglichkeiten sollte die datenverarbeitende Stelle den Einsatz der besten verfügbaren Technik vorsehen, soweit dieser wirtschaftlich möglich ist. Diese Festlegungen sind durch weitere Bestimmungen von Aufgaben und Befugnissen zur Überwachung der Arbeitsabläufe und Tätigkeiten, die eine bedeutende Auswirkung auf Datenschutz und Datensicherheit haben können, und zur Behandlung von Abweichungen sowie zu Korrektur- und Vorsorgemaßnahmen zu ergänzen.

Eine wichtige Aufgabe des Datenschutzmanagementsystems ist es auch, den Schulungsbedarf des mit der Datenverarbeitung befassten Personals festzustellen und zu befriedigen. Die datenverarbeitende Stelle muss außerdem Verfahren einführen, um für ein ausreichendes Niveau des Bewusstseins für Datenschutz und Datensicherheit bei den einschlägigen Beschäftigten oder Mitgliedern zu sorgen. Sie hat auch Sorge zu tragen, daß die für sie tätigen Auftragnehmer nachweisen können, daß ihre Mitarbeiter über die erforderliche Schulung verfügen.

Das Datenschutzmanagementsystem ist auch verantwortlich für die Kommunikation zu Datenschutz und Datensicherheit in der datenverarbeitenden Stelle. Um die Kommunikation zu fördern und zu verbessern, müssen Verfahren für die interne Kommunikation zwischen den verschiedenen Ebenen und Funktionen der datenverarbeitenden Stelle wie regelmäßige Besprechungen, Rundschreiben und ähnliches vorgesehen werden. Außerdem muß die datenverarbeitende Stelle für die externe Kommunikation über ihre Datenschutz- und Datensicherheitsanstrengungen aufgeschlossen sein. Um diese Erkenntnis- und Kommunikationsmöglichkeit zu nutzen, muss sie Verfahren einführen und aufrechterhalten, um relevante Mitteilungen von externen interessierten Kreisen entgegenzunehmen und zu dokumentieren. Die Prüfung und Beantwortung der fachlichen Einwände und Hinweise sollte zu einem Dialog mit interessierten Kreisen führen. Die datenverarbeitende Stelle sollte nicht nur auf solche Mitteilungen reagieren, sondern von sich aus die Kommunikation mit interessierten Kreisen suchen.

Die datenverarbeitende Stelle hat die für die Umsetzung der Datenschutzpolitik besonders relevanten betrieblichen Abläufe und Tätigkeiten zu ermitteln und deren Aufrechterhaltung und Ausführung sicherzustellen. Hierfür muß sie spezifische Verfahren für kritische Situationen einführen und aufrechterhalten und für diese Verfahren klare betriebliche Vorgaben festlegen. Soweit sie zur Umsetzung ihrer Datenschutzpolitik und ihres Datenschutzprogramms auf Datenverarbeitungssysteme und -programme oder Dienstleistungen Dritter angewiesen ist, muss sie auch für diese spezifische Verfahren und Forderungen festlegen und an die Dritten bekanntgeben.

Zur Gewährleistung der für Datenschutz und Datensicherheit kritischen Abläufe und Tätigkeiten muss die datenverarbeitende Stelle für Notfallsituationen vorsorgen. Sie muss Verfahren einführen und aufrechterhalten, um mögliche Notfallsituationen zu ermitteln und adäquat auf diese zu reagieren. Weiterhin hat sie Verfahren für schadensverhindernde und schadensbegrenzende Maßnahmen vorzusehen. Die Notfallvorsorge und -maßnahmen sind zu überprüfen, zu erproben und zu überarbeiten.

Schließlich sind vom Datenschutzmanagementsystem selbstreflexive Maßnahmen zu fordern. Die datenverarbeitende Stelle muss Verfahren zur Überwachung der für Datenschutz und Datensicherheit relevanten Arbeitsabläufe und Tätigkeiten einführen und aufrechterhalten sowie Verantwortungen und Befugnisse für Untersuchungs-, Eingriffs-, Korrektur- und Vorsorgemaßnahmen festlegen.

3.2.5 Datenschutzprüfung

Die Bewährung des Datenschutzmanagementsystems an den rechtlichen Vorgaben und den selbstgesteckten Zielen ist in regelmäßigen Abständen in einer internen Datenschutzprüfung zu kontrollieren. Spätestens alle drei Jahre sollten von Mitarbeitern oder Beauftragten der datenverarbeitenden Stelle der Datenschutz und die Datensicherheit einer Anwendung, das Datenschutzmanagementsystems und die Abläufe zur Gewährleistung von Datenschutz und Datensicherheit systematisch überprüft und bewertet werden. Ziel der Datenschutzprüfung ist es zu gewährleisten, dass die verantwortliche Stelle zum einen die festgelegten Verfahren einhält und zum anderen hinsichtlich der Anwendung die materiellen Kriterien[297] der Datenschutzprüfung erfüllt. Außerdem soll die Datenschutzprüfung feststellen, ob im Zusammenhang mit diesen Verfahren und der Anwendung Probleme auftreten oder ob sich Verbesserungsmöglichkeiten bieten.

Für jede Datenschutzprüfung ist vor ihrer Durchführung ein Programm aufzustellen, das Ziele und Umfang der Datenschutzprüfung festlegt. In diesem Programm sind zumindest der Umfang hinsichtlich der erfassten Anwendung, der zu prüfenden Tätigkeiten, der zu berücksichtigenden Datenschutzvorschriften und des erfassten Zeitraums festzulegen. Als Ziel der Datenschutzprüfung ist jedenfalls vorzusehen, das Datenschutzmanagementsystem zu überprüfen, ob es mit der Datenschutzpolitik und dem Datenschutzprogramm der datenverarbeitenden Stelle vereinbar ist und ob die einschlägigen Datenschutzvorschriften eingehalten werden.

Die Datenschutzprüfung kann von einer Person oder einer Gruppe durchgeführt werden, die zur Belegschaft der datenverarbeitenden Stelle gehört oder von außerhalb kommt, im Namen der datenverarbeitenden Stelle handelt, einzeln oder als Gruppe durch Ausbildung und Erfahrung über die erforderlichen fachlichen Qualifikationen verfügt und deren Unabhängigkeit von den geprüften Tätigkeiten groß genug ist, um eine objektive Beurteilung zu gewährleisten. Die Person oder Gruppe muß über die erforderlichen Qualifikationen verfügen, also Kenntnisse und Erfahrungen in bezug auf das Datenschutzmanagement und technische und rechtliche Fragen von Datenschutz und Datensicherheit besitzen. Die Zeit und die Mittel, die für die Prüfung angesetzt

---

[297] S. zu diesen näher Kap. 3.4.

werden, sind auf den Umfang und die Ziele der Prüfung abzustimmen und von der Leitung der datenverarbeitenden Stelle zur Verfügung zu stellen. Zum Schutz der Betroffenen müssen alle Prüfer entsprechend § 5 BDSG auf das Datenschutzgeheimnis verpflichtet sein. Da der betriebliche Datenschutzbeauftragte in der Regel die erforderlichen Kenntnisse und Erfahrungen besitzt, bietet es sich an, ihn mit der Datenschutzprüfung zu beauftragen. Da er kontinuierlich für den Datenschutz in der datenverarbeitenden Stelle zuständig ist, soll er in jedem Fall angemessen an der Durchführung der Datenschutzprüfung beteiligt werden.[298]

Für die Datenschutzprüfung sind alle erforderlichen Untersuchungsmittel zu nutzen, wie zum Beispiel Gespräche mit dem Personal, die Prüfung der Betriebsbedingungen und der technischen Ausstattung, die Prüfung der Dokumente und Protokolle, der schriftlichen Verfahren und anderer einschlägiger Unterlagen, der Aufbau- und Ablauforganisation sowie der technischen und organisatorischen Sicherungsmaßnahmen. Entscheidend ob sie dazu beitragen, die Bewertung des Datenschutzes und der Datensicherheit der zu prüfenden Anwendung zu erleichtern oder zu ermöglichen. Für die Feststellung, wie wirksam das Datenschutzmanagementsystem funktioniert, sollte es im Regelfall genügen, die Einhaltung der materiellen Kriterien in Stichproben zu prüfen.

Nach Abschluss jeder Datenschutzprüfung sollte von den Prüfern ein Bericht erstellt werden, der sämtliche Erkenntnisse und Schlußfolgerungen enthält. Aus ihm ist dann die Datenschutzerklärung zu erarbeiten.[299] Die grundlegenden Ziele des Berichts bestehen darin, den Umfang der Datenschutzprüfung zu dokumentieren, die Leitung der datenverarbeitenden Stelle über den Grad der Übereinstimmung mit der Datenschutzpolitik und über Fortschritte im Bereich des Datenschutzes und der Datensicherheit zu unterrichten, sie über die Wirksamkeit und Zuverlässigkeit des Datenschutzmanagementsystems zu unterrichten und gegebenenfalls die Notwendigkeit von Korrekturmaßnahmen zu belegen. Der Bericht muss der Leitung der datenverarbeitenden Stelle offiziell übergeben werden. Diese sollte als Konsequenz aus dem Bericht einen Plan für Korrekturmaßnahmen erstellen, durch den das Datenschutzprogramm und eventuell die Daten-

---

[298] S. hierzu näher Kap. 3.7.

[299] S. hierzu Kap. 3.6.1.

schutzpolitik aktualisiert und das Datenschutzmanagementsystem reformiert werden, und für dessen Umsetzung sorgen.

3.3   Anwendungsbereich

Ist das Konzept eines Datenschutzaudits grob bestimmt, stellt sich eine Fülle von Fragen, wie es zu konkretisieren ist. Zu klären ist hinsichtlich des Anwendungsbereichs des Datenschutzaudits, wer teilnehmen darf, was auditiert wird, in welchem räumlichen Bereich geprüft wird.

3.3.1   Gegenstandsbereich: Anwendungen

Eine der schwierigsten Fragen in der Konzipierung eines Datenschutzaudits dürfte die nach seinem möglichen Gegenstand sein. Hierzu wurden bisher nirgendwo konkrete Vorstellungen publiziert.[300] Auch die Orientierung am Umweltschutzaudit hilft nicht viel weiter. Denn dort ist Gegenstand des Audits das Umweltmanagementsystem eines bestimmten Unternehmensstandorts. Ob das Umweltmanagementsystem geeignet und effektiv ist, wird an den Umweltauswirkungen des jeweiligen Standorts überprüft. Die Umweltbetriebsprüfung muss daher neben den Organisationsstrukturen des Unternehmens auch alle relevanten Einwirkungen auf die verschiedenen Umweltbereiche erfassen, die sich aus den gewerblichen Tätigkeiten an einem Unternehmensstandort ergeben. In Parallelführung dazu für das Datenschutzaudit auf den Standort der Datenverarbeitung abzustellen, passt in Zeiten weltweiter Vernetzung nicht mehr als Bezugspunkt der Prüfung.

Was aber könnte als Gegenstand des Datenschutzaudits gewählt werden? Die datenschutzrechtlichen Anknüpfungspunkte wie Datei, Verarbeitungszweck oder datenverarbeitende Stelle sind

---

[300] S. z.B. provet 1996, Begründung zu § 11 des vorgeschlagenen Multimedia-Datenschutz-Gesetzes: „Datenschutzkonzept sowie technische Einrichtungen"; Begründung zu § 17 MDStV: „Konzeption des Angebots, eventuell auch auf Hard- und Software"; ebenso Engel-Flechsig, DuD 1997, 15; Bachmeier, DuD 1996, 673; Bachmeier, DuD 1996, 680; Berliner Datenschutzbeauftragter 1997, 134, will das Audit beziehen auf „Angebote" und Ulrich, DuD 1996, 668, will es auf „multimediale Einrichtungen und Dienste" beziehen. Das Diskursprojekt „quid!" – s. Kap. 1.1.2 – will das „Gütesiegel" beziehen auf die Verarbeitung personenbezogener Daten in Betrieben; der Landesdatenschutzbeauftrage Schleswig-Holstein – s. Kap. 1.1.3 – will die Vorabüberprüfung auf „Verfahren" anwenden – s. LT-Drs. 14/1738, 80; Gesellschaft für Datenschutz und Datensicherung, GDD-Mitteilungen 2/99, 3f.: „Datenverarbeitungssysteme und –programme sowie bestimmte DV-Dienstleistungen".

hierfür ungeeignet. Die Verarbeitung personenbezogener Daten findet in vielen Fällen in zahlreichen Dateien, zu unterschiedlichen Zwecken und zum Teil stellenübergreifend, unter Umständen sogar lokal nicht fassbar in Netzen statt. Die Risiken moderner Informations- und Kommunikationstechniken lassen sich mit einem auf diese Gegenstände bezogenen Audit nicht erfassen.[301] Andererseits ist der Bezug auf das Unternehmen oder eine Organisation in vielen Fällen zu weit. Dies wäre möglich, wenn in einem Unternehmen die Erhebung, Verarbeitung und Verwertung personenbezogener Daten nur zu einem oder wenigen definierten Zwecksetzungen erfolgt. In einem weltweit in vielen verschiedenen Branchen operierenden Konzern mit unterschiedlichsten Produkten, Dienstleistungen und internen Anwendungen ist dies nicht möglich. Im Ergebnis muss die Überprüfung des Managementsystems und die Erklärung über dessen erfolgreiche Überprüfung gegenständlich begrenzt sein und zugleich die wesentlichen Zusammenhänge der Verarbeitung personenbezogener Daten erfassen.

Hier wird vorgeschlagen, das Datenschutzaudit auf eine *Anwendung* der Informations- und Kommunikationstechnik zu beziehen. Als Anwendung könnte der einer übergreifenden Zielsetzung einer oder mehrerer verantwortlicher Stellen dienende Prozess des systematischen Zusammenwirkens technisch-organisatorischer Komponenten gefasst werden, in dem personenbezogene Daten erhoben, verarbeitet oder genutzt werden. Nicht entscheidend ist der technische Zweck der einzelnen technischen oder organisatorischen Komponente, sondern die übergreifende Zielsetzung, die eine oder mehrere verantwortliche Stellen mit dem Zusammenwirken dieser Komponenten verfolgen. Im Geltungsbereich des BDSG könnte eine Anwendung zum Beispiel ein Krankenhausinformationssystem, ein Verkehrsleit- und –informationssystem, ein Personaldatenverarbeitungssystem oder ein Auskunftssystem sein.

Die Anwendung sinnvoll zu bestimmen, wäre Aufgabe der jeweiligen datenverarbeitenden Stelle. Ob dies gelungen ist, wäre in der internen Datenschutzprüfung und vom externen Gutachter zu überprüfen. Entscheidend sollte sein, dass durch die Bestimmung der Anwendung eine in sich geschlossene Struktur für die Erhebung, Verarbeitung und Verwendung personenbezogener Daten erfasst wird, innerhalb derer die spezifischen Datenschutz-

---

[301] S. zu diesen z.B. Roßnagel/Bizer 1995, 38 ff.

risiken vollständig überprüft werden können.[302] Dies erfordert eine integrierte Sicht der Verarbeitung personenbezogener Daten wie etwa die Zusammenschau aller Zwecke der Anbahnung, des Abschlusses und der Abwicklung eines Vertrages. Zu einer Anwendung einer bestimmten Dienstleistung gehören beispielsweise die Datenverarbeitungssysteme zum Marketing, zur Kundenverwaltung, zur Erbringung der Vertragsleistung, zur Abrechnung, zum Bezahlen und zur Quittungserstellung, zur Wartung und zur Auswertung der Kundenkontakte sowie ihre Schnittstellen und Kommunikationswege. Die Anwendung ist nicht auf den Einflussbereich einer datenverarbeitenden Stelle beschränkt, sondern kann von mehreren datenverarbeitenden Stellen betrieben werden. Eine Anwendung ist auch nicht auf das Hoheitsgebiet eines Staates beschränkt. Sie kann grenzüberschreitend betrieben werden. Zur Anwendung gehört in jedem Fall die dem übergreifenden Zweck dienende Datenverarbeitung im Auftrag.

Die Anwendung ist daher relativ weit zu fassen. Andererseits muss die Anwendung prüfbar bleiben. Wenn daher für die Bestimmung der Anwendung eine geschlossene Struktur verlangt wird, so bezieht sich diese auf die spezifische Zielsetzung der Anwendung und die vollständige Erfassung der damit verbundenen Datenschutzrisiken. Dies schließt nicht aus, dass eine solche Anwendung Schnittstellen nach außen zu anderen Anwendungen hat. So gibt ein Krankenhausinformationssystem personenbezogene Daten an die Anwendungen von Ärzten und anderer Krankenhäuser, der Kassen und Verrechnungsstellen weiter. Dennoch kann das Krankenhausinformationssystem als geschlossene Struktur beschrieben werden, deren Zielsetzung und Risiken sich von denen der anderen Anwendungen unterscheidet. Die Grenze der Anwendung wird dann durch die definierten Schnittstellen zu diesen anderen Anwendungen beschrieben.

Der Zuschnitt der Anwendung ist von der datenverarbeitenden Stelle in ihrer Eingangsprüfung zu bestimmen. Ob der Zuschnitt der Anwendung einer risikoorientierten Betrachtung gerecht wird, ist für die Durchführung des Datenschutzaudits von entscheidender Bedeutung. Deshalb ist die sachliche Angemessenheit der Anwendungsbeschreibung von der datenverarbeitenden Stelle in ihrer Datenschutzprüfung zu überprüfen, in der Datenschutzerklärung zu beschreiben und zu begründen und vom Da-

---

[302] In den Anhängen zur EG-Umwelt-Audit-Verordnung wird in einem Kriterienkatalog festgelegt, welche Umweltaspekte bei der Umweltbetriebsprüfung zu berücksichtigen sind - s. Anhang 1 Teil C der EG-UAVO.

tenschutzgutachter zu kontrollieren und zu bestätigen. In zweifelhaften Fällen empfiehlt es sich, frühzeitig – schon in der Eingangsprüfung – den Rat eines Datenschutzgutachters einzuholen.

Ein besonderes Problem bietet die Datenverarbeitung im Auftrag. Vor allem für Servicerechenzentren wird ein praktischer Bedarf für ein Datenschutzaudit gesehen.[303] Gemäß Art. 17 Abs. 2 EG-Datenschutzrichtlinie hat der für die Verarbeitung Verantwortliche im Fall einer Verarbeitung in seinem Auftrag einen Auftragsverarbeiter zu wählen, der hinsichtlich der zu treffenden technischen Sicherheitsmaßnahmen und organisatorischen Vorkehrungen ausreichende Gewähr bietet. Hiervon hat sich der Auftraggeber zu überzeugen. Nach der Umsetzung dieser Regelung in der Vorschrift des § 11 des BDSG-E könnte dieses Verfahren erleichtert werden, wenn der Auftragnehmer den Auftraggeber auf ein auditiertes Datenschutzmanagementsystem verweisen kann. Eine Kontrolle vor Ort durch den Auftraggeber ließe sich bei einem auditierten Dienstleister hinsichtlich des zeitlichen und organisatorischen Aufwands begrenzen.[304]

Die datenverarbeitende Stelle als solche sollte nicht als Gegenstand des Datenschutzaudits gewählt werden.[305] Sie ist diejenige Stelle, die ihre Anwendung auditieren lässt. Soweit sie nur eine Anwendung betreibt, betrifft das Audit ihren gesamten Tätigkeitsbereich. Soweit eine Stelle wenige Anwendungen betreibt, sollte sie diese zusammenfassen und ihre gesamte Datenverarbeitung überprüfen und zertifizieren lassen können. Sie soll jedoch entscheiden können, mit welchen Anwendungen sie am Datenschutzaudit teilnimmt. Insbesondere wenn die Anwendungen zu zahlreich oder zu disparat sind, können einzelne oder zusammengefasste Anwendungen Gegenstand des Datenschutzaudits sein.

3.3.2 Organisationsübergreifende Anwendungen

Für die Bestimmung des Gegenstandsbereichs, für den das Datenschutzmanagementsystem zuständig ist und auf das hin es überprüft wird, sind – wie beim Umweltschutzaudit auch – Abgrenzungsprobleme und damit verbundene Missbrauchsmöglich-

---

303 Gesellschaft für Datenschutz und Datensicherung, GDD-Mitteilungen 2/99, 4.

304 S. hierzu auch Kap. 5.3.2.

305 Ebenso Gesellschaft für Datenschutz und Datensicherung, GDD-Mitteilungen 2/99, 3f.

keiten zu bedenken. Ohne deren Lösung könnte das Datenschutzaudit zu Ergebnissen führen, die weder für sich glaubwürdig noch untereinander vergleichbar sind.

Das Grundproblem besteht darin, dass das Datenschutzaudit die gesamte Anwendung erfassen muss, die Grenzen einer Anwendung aber oft nicht mit dem Verantwortungsbereich einer datenverarbeitenden Stelle übereinstimmt. Dadurch kann einerseits eine Situation entstehen oder auch bewusst herbeigeführt oder ausgenutzt werden, in der eine einheitliche Anwendungen auf verschiedene datenverarbeitende Stellen aufgeteilt ist, die rechtlich von einander unabhängig sind. Einzelne besonders „sensitive" Teile der Anwendung könnten dadurch aus der Überprüfung herausfallen. Diese könnte auf die „unkritischen" Teile beschränkt werden. Durch eine ungerechtfertigte Prämierung der „unkritischen" Teile würde die Wettbewerbswirkung des Datenschutzaudits verfälscht. Andererseits kann von einer datenverarbeitenden Stelle nicht mehr erwartet werden, als dass sie ihren möglichen Einfluss zur Verbesserung des Datenschutzes und der Datensicherheit geltend macht.

Die Lösung des Problems kann nicht darin liegen, den Ansatz des Umweltschutzaudits zu übernehmen. Danach ist das Audit auf den „Standort" beschränkt. Externe Stellen, die gesellschaftsrechtlich nicht mit der Unternehmung des „Standortes" identisch sind, fallen vollständig aus dem Gegenstandsbereichs des Audits heraus, auch wenn sie die gleiche Produktionslinie betreffen oder sonst sachlich mit der umweltverbrauchenden Tätigkeit des Standortunternehmens zusammenfallen.[306] Dieser Ansatz wird schon wegen der räumlichen Beschränkung auf den „Standort" der Aufgabe eines Datenschutzaudits nicht gerecht. Seine Übernahme würde aber auch einen sachlichen Unterschied zwischen Umweltschutz einerseits sowie Datensicherheit und Datenschutz andererseits unberücksichtigt lassen. Für die strenge Standort- und Unternehmensorientierung des Umweltschutzaudits kann geltend gemacht werden, dass Umweltschutzbemühungen an jeder Produktionsstufe ansetzen können, mithin also die Prüfung auf jeder Stufe ungeachtet der vor- und nachgelagerten Produktionsstufen sinnvoll sein kann. Für den Umweltschutz kann gelten, dass der Standard der Umweltschutzbemühungen insgesamt

---

[306] Eine Ausnahme kennt die UAVO nur insoweit, als auch der betriebliche Umweltschutz und Praktiken bei Lieferanten und Auftragnehmern zu berücksichtigen sind - s. Anhang I Teil C. Nr. 8 i.V.m. Anhang I Teil B Nr. 4 lit.b).

die Summe der Einzelmaßnahmen auf jeder Produktionsstufe ist. Dagegen muss für den Datenschutz und die Datensicherheit viel stärker der Blickwinkel der Sicherheitstechnik eingenommen werden: Datenschutz und Datensicherheit einer Anwendung versagen insgesamt, wenn es aufgrund fehlender Schutzmaßnahmen an nur einer Stelle zu einem Datenmissbrauch kommt. Daher ist beim Datenschutzaudit in stärkerem Maß erforderlich, die Anwendung in ihrer Gesamtheit in die Prüfung einzubeziehen.

Aber auch der gegenteilige Ansatz, für ein Datenschutzaudit die vollständige Einbeziehung aller Stellen zu fordern, die an einer Anwendung beteiligt sind, wäre nicht sachgerecht. Er würde zwar dem Gefährdungsaspekt gerecht werden, die Durchführung eines Datenschutzaudits aber in vielen Fällen verhindern, in denen auch ein auf Teile der Anwendung beschränktes Audit hilfreich wäre. Nicht immer wird eine Anwendung von einer datenverarbeitenden Stellen koordiniert, oft findet ein Zusammenwirken vieler gleichberechtigter Partner statt: Ein Beispiel könnte eine Electronic Mall sein: Sie könnte so organisiert sein, dass der Mallbetreiber nur die technische Plattform zur Verfügung stellt, auf der mehrere Händler, Zusteller und Anbieter von Zahlungsverfahren mit vielleicht wiederum mehreren Partnern ihre Waren und Dienstleistungen selbstverantwortlich anbieten, für den Kunden sich das Aussuchen, Einkaufen und Bezahlen aber als einheitlicher Vorgang darstellt. Solange nur eine beteiligte Stelle sich weigert, am Audit teilzunehmen, sind auch alle anderen an einer Teilnahme gehindert. Es wäre unrealistisch, einer datenverarbeitenden Stelle die Teilnahme am Datenschutzaudit nur dann zu ermöglichen, wenn alle anderen an der Anwendung Beteiligten ebenfalls teilnehmen. Denn diese Teilnahme kann nicht erzwungen werden und würde eventuell an der notwendigen Beteiligung von weiteren „Zulieferern" und „Auftragnehmern" dieser Stelle scheitern. Das Verfahren würde sich bis auf weiteres selbst blockieren.[307] Eine strikte Verfolgung dieses Ansatzes würde somit das Datenschutzaudit als Instrument des Datenschutzes und der Datensicherheit zu sehr einschränken.

Die Lösung des Problems kann nur in einem vermittelnden Ansatz gefunden werden. Einerseits darf der Gegenstandsbereich des Datenschutzaudits nicht über die Verantwortungsgrenzen hinaus ausgedehnt werden. Andererseits ist der Verantwortungs-

---

[307]　S. für das Umweltschutzaudit Hemmelskamp/Neuser/Zehnle, ZEW-Wirtschaftsanalysen 1994, 211.

bereich für den Zweck des Datenschutzaudits in einem weiten Sinn zu verstehen und die Ausrichtung des Datenschutzaudits auf einen mit dem weiten Verständnis des Verantwortungsbereichs korrespondierenden Gegenstandsbereichs streng zu kontrollieren.

Um den Gegenstandsbereich genau bestimmen zu können, ist in einem ersten Schritt erforderlich, dass eine vollständige Datenflussanalyse der Anwendung mit allen an der Verarbeitung personenbezogener Daten beteiligten Stellen erstellt wird. Danach ist in einem zweiten Schritt zu bestimmen, welche Datenverarbeitungsschritte in den erweiterten Verantwortungsbereich der teilnehmenden Stelle gehören. Diese interne Datenverarbeitung der Anwendung muss vollständig vom Datenschutzaudit erfasst sein.

Zur *internen* Datenverarbeitung gehören alle Funktionen, die die teilnehmende Stelle selbst erfüllt. Dabei kann sich ergeben, dass ein großes Unternehmen einzelne Funktionen der Anwendung – etwa die Kundendatenverwaltung – für alle Anwendungen zentralisiert hat. Dadurch kann eine „Randfunktion" der Anwendung vom Umfang her größer sein als alle anderen Teile der Anwendung zusammen. Allerdings liegt dann eben eine sehr große „Anwendung" vor. Jedenfalls sollte dieses Problem nicht durch Reduzierung des Gegenstandsbereichs gelöst werden. Vielmehr können die Ergebnisse des Audits einer Anwendung bezogen auf die zentralisierte Teilfunktion auch für andere Audits verwendet werden.

Zur internen Datenverarbeitung im weiteren Sinn gehört auch die Verarbeitung oder Nutzung personenbezogener Daten im Auftrag nach § 11 BDSG. Für diese bleibt der Auftraggeber verantwortlich. Der Auftragnehmer darf die Daten nur im Rahmen der Weisungen des Auftraggebers verarbeiten oder nutzen. Das Datenschutzmanagementsystem des Auftraggebers muss die Datenverarbeitung oder Nutzung im Auftrag in sein Aufgabenspektrum aufnehmen. Daher sind die über einen Auftrag ausgelagerten Verarbeitungsschritte in den Gegenstandsbereich des Datenschutzaudits aufzunehmen. Entweder hat der Auftraggeber alle notwendigen Informationen zusammenzutragen oder er macht die Teilnahme des Auftragnehmers am Datenschutzaudit zum Vertragsbestandteil.

Zur internen Datenverarbeitung sind schließlich auch die Stellen zu rechnen, die zwar einem anderen Unternehmen zuzurechnen sind, zu denen das teilnehmende Unternehmen aber in einem spezifischen gesellschaftsrechtlichen Beteiligungsverhältnis steht. Maßstab für das Beteiligungsverhältnis könnte zum einen sein, dass das teilnehmende Unternehmen an dem anderen Unternehmen in der Form beteiligt ist, dass es auf dieses einen beherrschenden Einfluß im Sinn des § 17 AktG ausüben und damit auch zur Teilnahme am Datenschutzaudit veranlassen kann. Dies wird nach § 17 Abs. 2 AktG bei einer Mehrheitsbeteiligung vermutet. Für eine GmbH & Co. KG sind die Grundsätze des § 17 AktG entsprechend anwendbar. Im Falle von Personengesellschaften liegt ein Abhängigkeitsverhältnis dann vor, wenn ein Gesellschafter in mehreren Gesellschaften die Teilnahme am Datenschutzaudit durchsetzen könnte. Stehen zwei oder mehr Gesellschaften, die an der gleichen Anwendung beteiligt sind, zueinander in einem Beherrschungsverhältnis sollten sie nur gemeinsam an dem Datenschutzaudit teilnehmen können.

Eine andere Begründung für das relevante Beteiligungsverhältnis könnte in dem Ausschluss von missbräuchlichen und den Wettbewerb verzerrenden Gestaltungen gesehen werden. So müssten sich bei einer Beteiligungsgrenze von mehr als 50% des Nennkapitals nur zwei Anwender ein gemeinsames Unternehmen etwa zur „Kundendatenverarbeitung" gründen, um dessen Datenverarbeitung für beide Anwendungen aus dem Gegenstandsbereich des Datenschutzaudits auszunehmen. Diese Missbrauchsmöglichkeit spricht für eine geringere Beteiligungsgrenze. Aus Gründen der Nachvollziehbarkeit und Transparenz könnte eine Beteiligung ab 20% des Nennkapitals nach § 271 Abs. 1 Satz 3 HGB als Grenzwert gewählt werden.[308] Diese Grenzziehung hat allerdings den Nachteil, dass das teilnehmende Unternehmen mangels bestimmenden Einflusses die Teilnahme des anderen Unternehmens nicht durchsetzen kann. Sie sollte daher – trotz des bestehenden Missbrauchspotentials – nicht verfolgt werden.

Diese Überlegungen gelten sowohl für „Tochter-" wie auch für „Schwesterunternehmen". Als Tochterunternehmen gelten alle Unternehmen, die von einem Unternehmen beherrscht werden. Oft – und gerade im Bereich der neuen Medien – gründen große Unternehmen mehrere „Töchter", um auf diese einzelne Bestandteile einer Anwendung oder eines Teledienstes zu verteilen. Wenn nun eine „Tochter" am Datenschutzaudit teilnehmen möchte, wesentliche Teile der Anwendung aber von der

---

308 S. für das Umweltschutzaudit Hemmelskamp/Neuser/Zehnle, ZEW-Wirtschaftsanalysen 1994, 212f.

„Schwester" bearbeitet werden, so unterscheidet sich diese Situation insofern von der „Mutter-Tochter-Beteiligung", als das teilnehmende Tochterunternehmen selbst keine Beteiligung an der „Schwester" hat. Vielmehr werden beide Unternehmen vom gleichen Mutterkonzern beherrscht. Dennoch ergeben sich hier die gleichen Teilnahme- und Missbrauchsprobleme wie im „Mutter-Tochter-Verhältnis". Daher ist auf die Beteiligung der „Mutter" an den „Töchtern" abzustellen. Übt sie einen beherrschenden Einfluss auf mehrere Töchter aus, die an der gleichen Anwendung beteiligt sind, kann sie die Einbeziehung der Datenverarbeitungsschritte all dieser „Töchter" am Datenschutzaudit durchsetzen. Die „Töchter" können daher nur gemeinsam am Datenschutzaudit teilnehmen. Die Entscheidung für die Teilnahme liegt bei der „Mutterorganisation". Sie kann die Teilnahme aller an der Anwendung beteiligten „Tochterorganisationen" durchsetzen.

Aus der Datenflussanalyse ergeben sich auch die *externen* Verarbeitungsschritte der untersuchten Anwendung. Diese fallen zwar aus dem Gegenstandsbereich des Datenschutzaudits heraus. Für sie sollten aber die Schnittstellen und Datenströme zu den externen Stellen in der Weise transparent gemacht werden, als sie in der Datenschutzerklärung konkret dargestellt werden müssen. Darüber hinaus sollte die Zusammenarbeit mit „Zulieferern" und „Abnehmern" personenbezogener Daten in der Weise einbezogen werden, wie dies für das Umweltschutzaudit vorgesehen ist. Die EG-UAVO fordert für das Umweltschutzaudit auch den betriebliche Umweltschutz bei Lieferanten und Auftragnehmern zu „berücksichtigen".[309] Dadurch soll die Möglichkeit ausgeschlossen werden, die „Umweltbilanz" durch Auslagerung „kritischer" Verfahrensschritte vordergründig zu verbessern.[310] Ebenso sollte für das Datenschutzaudit zwar kein eigenes Datenschutzaudit für „Zulieferer" und „Abnehmer" personenbezogener Daten verlangt werden. Doch sollten das interne Audit und der Datenschutzgutachter deren Anstrengungen für Datenschutz und Datensicherheit insoweit berücksichtigen, dass sie Wettbewerbsverzerrungen und Missbrauch in der Ausgestaltung der „Verarbeitungskette" ausschließen können. Schließlich muss aus der Datenschutzerklärung zu erkennen sein, ob die Anwendung vollständig auditiert ist oder ob bestimmte Datenverarbeitungsschritte ausgeblendet werden mussten.

---

[309]　S. Anhang I Teil C. Nr. 8 i.V.m. Anhang I Teil B Nr. 4 lit.b) der EG-UAVO.
[310]　Führ, NVwZ 1993, 859.

Für öffentlich-rechtliche datenverarbeitende Stellen müssen die vorgenannten Überlegungen zum Gegenstandsbereich des Datenschutzaudits sinngemäß gelten. Dort kann ein Einbezug von Datenverarbeitungsschritten und ein Ausschluss von Missbrauchsmöglichkeiten zwar nicht über Anteilsbeteiligungen begründet werden. Doch können ähnliche Probleme erfasst werden, wenn auf die Weisungsbefugnis im Rahmen der Fachaufsicht abgestellt wird. Danach kann eine öffentlich-rechtliche datenverarbeitende Stellen als „Tochter" gelten, wenn eine weisungsbefugte übergeordnete Stelle ebenfalls an der Anwendung beteiligt ist. Als „Schwester" kann sie angesehen werden, wenn sie an der Anwendung beteiligt ist und die gleiche übergeordnete Stelle für sie und die am Audit teilnehmende Stelle weisungsbefugt ist.

Zusammenfassend kann festgehalten werden, daß letztlich das Abhängigkeitsverhältnis der die Anwendung betreibenden Organisationen zueinander oder zu einer dritten Organisation das verbindende Element ist, das alle problematischen Beteiligungsfälle auszeichnet. Dementsprechend könnte dieses Problem vereinfachend in der Form geregelt werden, dass mehrere datenverarbeitende Stellen, die eine Anwendung betreiben, und zueinander oder gemeinsam zu einem Dritten in einem Abhängigkeitsverhältnis stehen, nur gemeinsam am Datenschutzaudit teilnehmen können.

Die das Audit verzerrende Aufteilung der Datenverarbeitung auf unterschiedliche datenverarbeitende Stellen bleibt im Einzelfall trotz der hier vorgeschlagenen Regelungen ein schwieriges Problem des Datenschutzaudits. Hier wird es in starkem Maß auf den Datenschutzgutachter ankommen, Wettbewerbsverzerrungen durch organisations- und gesellschaftsrechtliche Gestaltungsmöglichkeiten zu verhindern. Zumindest wird er dafür sorgen können, dass die gewählte Gestaltungsform in der Datenschutzerklärung als Problem transparent gemacht wird.

3.3.3   Gegenstandsbereich: Teledienste?

Für das Datenschutzaudit im Anwendungsbereich des TDDSG bietet es sich an, als Gegenstandsbereich für das Datenschutzmanagementsystem und seine Auditierung den jeweiligen „Teledienst" zu wählen. Zu prüfen ist jedoch, ob dieser Zuschnitt des Gegenstandsbereichs der Zielsetzung des Datenschutzaudits gerecht wird.

Teledienste sind nach § 2 TDG „elektronische Informations- und Kommunikationsdienste, die für eine individuelle Nutzung von kombinierbaren Daten wie Zeichen, Bilder oder Töne bestimmt sind und denen einen Übermittlung mittels Telekommunikation zugrunde liegt". In § 2 Abs. 2 TDG findet sich eine nicht abschließende und nicht trennscharfe Auflistung von fünf wichtigen Beispielen für Teledienste. Diese sind

* Angebote im Bereich der Individualkommunikation:
  Als Beispiel ist in § 2 Abs. 2 Nr. 1 TDG „Telebanking" für den wirtschaftsbezogenen Bereich der Individualkommunikation und „Datenaustausch" für das breite Spektrum der individuell nutz- und gestaltbaren Inhalte wie Meinungsforen[311] oder neue Formen der Kooperation in den Bereichen Telemedizin, Telearbeit oder Telelernen genannt.[312] Unter Angebote zur Individualkommunikation fallen auch E-Mail-Dienste, die eine Punkt-zu-Punkt-Kommunikation erlauben.[313]

* Angebote zur Information und Kommunikation:
  Diese Angebote können ein breites Spektrum von Informationen umfassen. Beispielhaft aufgeführt sind in § 2 Abs. 2 Nr. 2 TDG Datendienste, wie Verkehrs-, Wetter-, Umwelt- und Börsendaten, aber auch Einzelwerbeangebote im Waren- und Dienstleistungsbereich sowie sonstige Angebote und Anzeigen von Firmen oder Privatpersonen (z.B. Homepages).[314] Als Angebote zur Kommunikation lassen sich auch Internet-Dienste – wie Gopher, Telnet oder ftp – einordnen.[315] Für die Einordnung als Teledienst in Abgrenzung zu Mediendiensten darf bei allen diesen Angeboten jedoch nicht die redaktionelle Gestaltung zur Meinungsbildung für die Allgemeinheit im Vordergrund stehen.

* Angebote zur Nutzung des Internets oder anderer Netze:
  Hier werden die von den Diensteanbietern bereitgestellten

---

311 S. hierzu kritisch Spindler, in: Roßnagel 1999, § 2 TDG, Rn. 57, 73 ff., der zumindest moderierte Newsgroups und Diskussionsforen als „redaktionelle Gestaltungen" dem MDStV zuordnet.

312 S. BT-Drs. 13/7385, 18f.; Engel-Flechsig/Maennel/Tettenborn, NJW 1997, 2982f.

313 S. z.B. Spindler, in: Roßnagel 1999, § 2 TDG, Rn. 58, 79.

314 S. BT-Drs. 13/7385, 19; zur Einordnung von Homepages s. Spindler, in: Roßnagel 1999, § 2 TDG, Rn. 70ff.; v. Heyl, ZUM 1998, 118f.

315 S. z.B. Spindler, in: Roßnagel 1999, § 2 TDG, Rn. 82f.; a.A. Meyer, in: Roßnagel 1999, § 2 MDStV, Rn. 66.

Angebote zur Nutzung der neuen Dienste erfasst (z.B. Navigationshilfen, Suchmaschienen).[316] Auch Push-Dienste können als Teledienste nach § 2 Abs. 2 Nr. 3 TDG eingeordnet werden.[317] Nicht in diesen Bereich fällt die reine Zugangsvermittlung. Dieser Dienst ist vielmehr als Telekommunikationsdienstleistung einzuordnen.

• Angebote zur Nutzung von Telespielen.[318]

• Angebote von Waren und Dienstleistungen in elektronisch abrufbaren Datenbanken mit interaktivem Zugriff und unmittelbarer Bestellmöglichkeit:
Nach der amtlichen Begründung wird damit das breite Spektrum wirtschaftlicher Betätigung mittels der neuen Dienste bezeichnet, wozu unter anderem „sowohl die elektronischen Bestell-, Buchungs- und Maklerdienste als auch interaktiv nutzbare Bestell- und Buchungskataloge, Beratungsdienste" fallen sollen. Wesentliches Kennzeichen soll die unmittelbare, ohne Medienbruch mögliche Inanspruchnahme der Angebote sein.[319]

Für die Bestimmung des richtigen Gegenstandsbereichs des Datenschutzaudits ist weniger die Abgrenzung zwischen Telediensten und Mediendiensten[320] oder Telekommunikationsdiensten[321] von Bedeutung als die vielmehr die Abgrenzung von Telediensten untereinander. Was umfasst ein Teledienst?

Im Kontext des TDG wird unter Teledienst nicht eine Gesamtheit des Angebots eines Online-Anbieters verstanden, sondern jeweils das einzelne Angebot, wie zum Beispiel jede Web-Page, jeder Wetterdienst, jede Newsgroup, jeder Makler-, Bestell- oder Buchungsdienst.[322] Nur auf diese Weise kann das TDG für die Ver-

---

316 BT-Drs. 13/7385, 19.

317 S. z.B. Spindler, in: Roßnagel 1999, § 2 TDG, Rn. 87 ff.

318 S. zu diesen z.B. Spindler, in: Roßnagel 1999, § 2 TDG, Rn. 91 ff.

319 BT-Drs. 13/7385, 19.

320 S. aus der umfangreichen Literatur zur Abgrenzung z.B. Kuch, ZUM 1997, 225; Engel-Flechsig, ZUM 1997, 234; Kröger/Moos, AfP 1997, 675; Hochstein, NJW 1997, 2977; Gounalakis, NJW 1997, 2993; Roßnagel, NVwZ 1998, 3f.; v. Heyl, ZUM 1998, 115; Gounalakis/Rhode, CR 1998, 487; Gounalakis/Rhode, K&R 1998, 321; Spindler, in: Roßnagel, RMD, § 2 TDG, Rn. 25 ff.; Meyer, in: Roßnagel, RMD, § 2 MDStV, Rn. 45 ff.

321 S. z.B. Engel-Flechsig, RDV 1997, 61; Roßnagel, NVwZ 1998, 3f.

322 S. z.B. Spindler, in: Roßnagel 1999, § 2 TDG Rn. 43; Pichler, MMR 1998, 80; v. Heyl, ZUM 1998, 118; Engel-Flechsig/Maennel/Tettenborn, NJW 1997, 2982.

antwortlichkeit oder die Anbieterkennzeichnung die Besonderheiten des jeweiligen Dienstes berücksichtigen und zu sachgerechten Lösungen führen.

Demnach besteht ein Gesamtangebot häufig aus der Kombination mehrerer Teledienste. So können in der Homepage eines Anbieters neben Unternehmens- und Produktinformationen gleichzeitig Wettervorhersagen, Börsendatendienste und Suchmaschinen, die alle als Teledienste einzuordnen sind, und sogar auch redaktionelle Inhalte, die als Mediendienste zu qualifizieren sind, verwandt werden. Aus Sicht des Nutzers stellt sich das ganze jedoch als ein einheitliches Angebot dar. Ähnlich ist etwa das Angebot eines elektronischen Shopping-Centers anzusehen: Es bietet zum Beispiel den Kunden die Möglichkeit, bei verschiedenen Händlern die angebotenen Produkte anzuschauen und sich zu informieren, einen elektronischen Warenkorb zu nutzen, Produkte direkt über das Netz zu bestellen und mit einem elektronischen Bezahlverfahren zu bezahlen. Je nach konkreter technischer und organisatorischer Ausgestaltung des Shopping-Centers kann es sein, dass alle diese Angebote unterschiedliche Teledienste sind oder als ein Teledienst zu qualifizieren sind. Für den Nutzer ist das elektronische „Schaufesterbummeln", Einkaufen und Bezahlen jedoch ein einheitlicher Vorgang.

Daher wird die Auffassung vertreten, dass in einer wertenden Gesamtschau das vollständige, unter einer bestimmten Homepage (Eingangsseite) präsentierte Angebot eines Unternehmens, einschließlich des bei den untergeordneten Seiten abrufbaren Angebots, als diejenige „Einheit" oder „Dienst" betrachtet werden müsse, auf die es für die Abgrenzung zwischen Tele- und Mediendienst ankomme.[323] Jedoch bieten weder TDG noch MDStV vom Wortlaut her einen Anhaltspunkt für eine wertende Gesamtbetrachtung, die trotz unterschiedlicher Angebote den Schwerpunkt eines Angebots über die Anwendung eines Normenkomplexes entscheiden lassen würde. Die bisher überwiegende Meinung geht deshalb von der jeweiligen Kommunikationsart und dem Kommunikationsinhalt, nicht jedoch vom gesamten Angebot aus.[324] Eine Einschränkung von der Einzelbetrachtung ist allerdings für die Fälle denkbar, in denen sich die Funk-

---

[323]   S. z.B. Waldenberger, MMR 1998, 125.

[324]   S. z.B. Spindler, in: Roßnagel 1999, § 2 TDG Rn. 43; Pichler, MMR 1998, 80; v. Heyl, ZUM 1998, 118; Engel-Flechsig/Maennel/Tettenborn, NJW 1997, 2982.

tionen innerhalb eines Gesamtangebots aus der Sicht eines durchschnittlichen Nutzers nicht mehr isolieren lassen. Dieses kann bei der Unterbreitung von verschiedenen Angeboten auf einer einzigen Seite gegeben sein. Das Angebot stellt sich dann möglicherweise als Einheit dar, so dass es dann auf eine Gesamtschau ankommt.[325]

Daher muss die Wahl eines Teledienstes als Gegenstandsbereich des Datenschutzaudits am Maßstab der „Anwendung" überprüft werden. Der Teledienst kann für sich als Gegenstandsbereich gewählt werden, wenn er aus der Nutzersicht als eine in sich abgeschlossene Anwendung angesehen werden kann. Dagegen sind mehrere Teledienste zu einem Gegenstandsbereich zusammenzufassen, wenn sie sich nur zusammengenommen dem Nutzer als eine Anwendung darstellen.

Beispielsweise bedeutet dies für den Electronic Commerce: Nach dem Wortlaut des § 2 Abs. 2 Nr. 5 TDG, der von einem „Angebot...mit Bestellmöglichkeit" spricht, müssen etwa die Warenpräsentation, die Warenkorbfunktion und die Bestellmöglichkeit als ein einheitlicher Teledienst qualifiziert werden. Dieser Teledienst könnte einer Anwendung entsprechen und somit Gegenstandsbereich eines Datenschutzaudits sein. Allerdings ist der Einbezug möglicher Bezahlverfahren zu berücksichtigen. Da es sich um Individualkommunikation handelt, müssen internetbasierte Zahlungsverfahren nach § 2 Abs 2 Nr. 1 TDG als ein eigener Teledienst angesehen werden. Zumindest wenn nur ein spezifisches und in den Bestellvorgang eingepasstes Bezahlverfahren vorgesehen ist, wird jedoch für den Bestell- und Bezahldienst von einer einheitlichen Anwendung auszugehen sein. Das Bezahlverfahren ist dann in den Gegenstandsbereich des Datenschutzaudits aufzunehmen. Etwas anderes mag gelten, wenn der Nutzer frei zwischen unterschiedlichen, nicht mit dem Bestellvorgang verknüpften Bezahlweisen wählen kann. Allerdings kann sich innerhalb eines Bezahlverfahrens das Problem ebenfalls ergeben. So sind etwa für die Kreditkartenzahlung mittels SET sowohl der Händler als Kartenakzeptant als auch das Payment-Gateway als Anbieter eigener Teledienste zu qualifizieren, obwohl es sich um eine einheitliche Anwendung handelt.

Die hier angesprochenen Probleme und Lösungsmöglichkeiten sind für Mediendiensten vergleichbar. Ein Mediendienst ist nach § 2 Abs. 1 MDStV „das Angebot und die Nutzung von an die All-

---

[325]   S. Spindler, in: Roßnagel 1999, § 2 TDG, Rn. 45, 48.

gemeinheit gerichteten Informations- und Kommunikationsdiensten ... in Text, Ton oder Bild", die telekommunikativ verbreitet werden. Beispiele für Mediendienste sind Fernseheinkauf, Verteildienste, Fernsehtext, Pay-TV oder ein Online-Presse-Archiv. Insoweit ist der Gegenstandsbereich für beide vergleichbar. Ob die Informations- und Kommunikationsdienste an die Allgemeinheit gerichtet (Mediendienste) oder für eine individuelle Nutzung gedacht sind (Teledienste), spielt für den grundsätzlichen Zuschnitt des Gegenstandsbereichs keine entscheidende Rolle. Vergleichbar ist die Situation auch im Telekommunikationsbereich. Hier stellen sich für Telekommunikationsdienstleistung nach § 3 Nr. 18 TKG und § 2 Nr. 6 TDSV vergleichbare Probleme und können ähnliche Lösungen wie für Teledienste gesucht werden.

3.3.4 Teilnehmer

An dem Datenschutzaudit sollten alle datenverarbeitenden Stellen teilnehmen können.[326]

Für Behörden ist der Mechanismus der freiwilligen Teilnahme und der Kontrolle durch unabhängige Gutachter sowie die Verwendung der Teilnahmeerklärung im Wettbewerb mit nicht teilnehmenden Behörden allerdings nicht so gut geeignet wie für private Anbieter, die untereinander im Wettbewerb stehen. Die Validierung durch externe Gutachter ist nicht so ohne weiteres mit der Eigenkontrolle der Gesetzesbefolgung durch die Behörden selbst, mit der Aufsicht durch die vorgesetzte Behörde und mit der parlamentarischen Verantwortlichkeit zu vereinbaren. Andererseits sehen sowohl die UAG-Erweiterungs-Verordnung wie auch der Revisionsentwurf zur UAVO vor, dass sich auch Behörden und Kommunen am Umweltschutzaudit beteiligen können.[327] Auch für diese sollte das Ziel gelten, ein Datenschutzmanagement aufzubauen, das Datenschutz und Datensicherheit kontinuierlich verbessert und hierfür überobligationsmäßige Leistungen erbringt.[328] Spezifische Bindungen und Einschränkungen durch das für sie geltende öffentliche Recht müs-

---

[326] Diese werden von § 3 Abs. 8 BDSG speichernde Stellen genannt, künftig werden sie nach § 3 Abs. 7 BDSG-E als verantwortliche Stellen bezeichnet.

[327] S. zur Teilnahme von Kommunen und kommunalen Einrichtungen am Umweltschutzaudit Frings 1998, 433 ff.; Richter 1998, 339 ff.; Landesanstalt für Umweltschutz Baden-Württemberg 1998.

[328] Zu den positiven Effekten eines kommunalen Umweltmanagementsystems s. Landesanstalt für Umweltschutz Baden-Württemberg 1998, 8 ff.; Frings 1998, 435 ff.

sen von den Datenschutzgutachtern bei der Validierung berücksichtigt werden.

Das Datenschutzaudit sollte auch für ausländische Anbieter von Telediensten offenstehen. Es könnte ein geeignetes Instrument für ausländische Diensteanbieter sein, die vom Ausland aus ihre Teledienste anbieten wollen, ohne auf den in der Bundesrepublik geltenden hohen Datenschutzstandard zu verzichten, um hierfür die Akzeptanz bei deutschen Nutzern zu erhöhen.[329] Das Datenschutzaudit hätte dadurch eine wichtige Funktion bei der Sicherstellung eines hohen Datenschutzstandards im internationalen Bereich. Der Bundesrat sieht im Datenschutzaudit eine „Möglichkeit, auf ausländische Anbieter von Telediensten Einfluss zu nehmen, die sich im Wettbewerb mit deutschen Anbietern veranlasst sehen könnten, entsprechende Bewertungen ihres Datenschutzkonzepts einzuholen."[330] Aufsichtsmaßnahmen wie etwa Untersagungsverfügungen können gegen ausländische oder im Ausland operierende Anbieter ohnehin nicht verhängt werden. Die Datenschutzfreundlichkeit ihres Angebots kann nur dann gefördert werden, wenn sie diese verkaufsfördernd im Inland einzusetzen können. Ausländische Anbieter, die in Deutschland Kunden werben wollen, sollten über die Marktkonkurrenz gehalten sein, sich um eine Auditierung ihres Angebots zu bemühen.[331]

3.4   Kriterien

Ziel der Prüfung ist es, das Datenschutzmanagement danach zu bewerten, ob es für die jeweilige Anwendung geeignet und effektiv ist, die Einhaltung des geltenden Datenschutzrechts sicherzustellen und eine kontinuierliche Verbesserung des Datenschutzes zu erreichen. Die Prüfung verwendet also zwei Maßstäbe: einen objektiven, für allen gleichen Maßstab und einen subjektiven, den der einzelne Anbieter nach seinen individuellen Möglichkeiten bestimmt.

3.4.1   Objektive Kriterien

Der objektive Maßstab, der für alle Unternehmen und Anwendungen gleichermaßen als Minimalstandard zugrunde gelegt

---

[329] S. Engel-Flechsig, DuD 1997, 15.

[330] Bundesrat, BT-Drs. 13/7385, 57.

[331] Berliner Datenschutzbeauftragter 1997, 134.

wird, sind die Vorschriften des Datenschutzrechts. Da diese für alle Teilnehmer gleich sind, wird ein hohes Maß an Vergleichbarkeit und Wettbewerbsgerechtigkeit sichergestellt. Durch diesen Maßstab wird das Datenschutzaudit zu einem Instrument innerbetrieblichen Gesetzesvollzugs.

Einige Vorschläge wollen die Datenschutzprüfung auf die Rechtmäßigkeitskontrolle beschränken.[332] Dies kann aber nicht das einzige Kriterium für ein freiwilliges, wettbewerbsorientiertes öffentliches Datenschutzaudit sein. Allein für die Erfüllung der ohnehin bestehenden Pflicht, die Datenschutzgesetze einzuhalten, kann es keine *besondere* Anerkennung geben. Das Datenschutzaudit soll die besonderen Anstrengungen einer datenverarbeitende Stelle mit einer Werbemöglichkeit prämieren. Es darf daher keine Auszeichnung für Selbstverständliches sein. Das Datenschutzaudit soll ein qualitätsbezogenes Unterscheidungsmerkmal im Wettbewerb sein. Es verliert seine Qualität als Unterscheidungsmerkmal, wenn es nur das bestätigt, was ohnehin jeder tun muss. Die Rechtmäßigkeitskontrolle ist daher ein notwendiger Bestandteil eines jeden Datenschutzaudits. Denn die Bestätigung für besondere Anstrengungen im Datenschutz setzt voraus, dass die geltenden Datenschutzanforderungen eingehalten werden. Die Gesetzeskonformität des Angebots ist aber noch kein hinreichender Maßstab für ein Datenschutzaudit. Hinzu kommen müssen freiwillige, individuell festgelegte, aber über das Normale hinausgehende Anstrengungen zur Verbesserung des Datenschutzes und der Datensicherheit.

Soweit das Datenschutzrecht klare Anforderungen an die datenverarbeitende Stelle oder an den Anbieter von Telediensten enthält, ist die Feststellung des objektiven Prüfungsmaßstabs kein Problem. Die Wahl des für die Anwendung jeweils geltenden Datenschutzrechts gibt dem Datenschutzaudit einen klaren und verlässlichen Maßstab. In der Regel dürfte es kein Problem bereiten, etwa das Handlungsgebot des § 3 Abs. 5 TDDSG zu über-

---

[332] So z.B. der Arbeitskreis „Datenschutzbeauftragte" im Verband der Metallindustrie Baden-Württemberg (VMI), DuD 1999, 281 ff., Gesellschaft für Datenschutz und Datensicherung, GDD-Mitteilungen 2/99, 3: „erhebliche Akzeptanzprobleme" bei einer Forderung nach Übererfüllung; das Diskursprojekt „quid!" und der Entwurf des Landesdatenschutzbeauftragen Schleswig-Holstein – s. zu diesen Kap. 1.2. Für die Anwendungsfelder für das „Gütesiegel" zur Verarbeitung personenbezogener Daten in Betrieben oder die Vorabüberprüfung von Verfahren in der Landesverwaltung mag die Beschränkung einen Sinn machen, wenn auch für diese eine kontinuierliche überobligationsmäßige Verbesserung des Datenschutzes erstrebenswert wäre.

prüfen, den Nutzer vor der Erhebung personenbezogener Daten über Art, Umfang, Ort und Zwecke ihrer Erhebung, Verarbeitung und Nutzung zu unterrichten.[333] Das gleiche gilt etwa auch für die Anforderungen an die Technikgestaltung in § 4 Abs. 2 TDDSG, dem Nutzer jederzeit einen Abbruch der Verbindung zu ermöglichen, die Nutzungsdaten spätestens nach Beendigung der Nutzung zu löschen, den Teledienst gegen Kenntnisnahme Dritter zu schützen und personenbezogene Daten über die Inanspruchnahme verschiedener Teledienste getrennt zu verarbeiten.[334] Selbst wenn im Einzelfall das eine oder andere Tatbestandsmerkmal interpretationsbedürftig sein sollte, lässt sich im Rahmen des Datenschutzaudits eine ausreichende Klärung zwischen dem Anbieter, dem Datenschutzgutachter, der zuständigen Datenschutzbehörde und der Registrierungsstelle erreichen.[335] In diesen Fällen erfüllt das Datenschutzaudit für den Anbieter die Funktion, ein höheres Maß an Rechtssicherheit zu bieten.

Wie aber ist zu verfahren, wenn das Datenschutzrecht keine klaren und eindeutigen Anforderungen enthält? Was soll objektiver Maßstab sein, wenn das Recht etwa statt präziser Handlungs- oder Gestaltungsanforderungen nur ein Optimierungsziel nennt und dies gar noch unter den Vorbehalt der Zumutbarkeit stellt. Ein solches Ziel ist zum Beispiel in § 3 Abs. 4 TDDSG formuliert: „Die Gestaltung und Auswahl technischer Einrichtungen für Teledienste hat sich an dem Ziel, keine oder so wenige personenbezogene Daten wie möglich zu erheben, zu verarbeiten und zu nutzen, auszurichten."[336] Diese Zielsetzung der Datenvermeidung oder Datenminimierung wird konkretisiert durch § 4 Abs. 1 TDDSG: „Der Anbieter hat dem Nutzer die Inanspruchnahme von Telediensten und ihre Bezahlung anonym oder unter Pseudonym zu ermöglichen, soweit dies technisch möglich und zumutbar ist."[337] Die gleichen Optimierungsziele sieht § 3a BDSG-E für das künftige allgemeine Datenschutzrecht vor. Dort ist die Anforderung der Anonymisierung und Pseudonymisierung nicht unter den Vorbehalt der Zumutbarkeit gestellt, sondern statt dessen von der Voraussetzung abhängig gemacht, dass der Aufwand

---

333 S. hierzu z.B. Bizer, in: Roßnagel 1999, § 3 TDDSG, (erste Ergänzungslieferung – i.E).

334 S. hierzu z.B. Schaar, in Roßnagel 1999, § 4 TDDSG, Rn. 30 ff.

335 S. hinsichtlich der Datenschutzbehörde und der Registrierungsstelle näher Kap. 3.9.2.

336 S. die gleiche Regelung für Mediendienste in § 12 Abs. 5 MDStV.

337 S. die gleiche Regelung für Mediendienste in § 13 Abs. 1 MDStV.

in einem angemessenen Verhältnis zu dem angestrebten Schutzzweck steht. Ein weiteres Beispiel aus dem Bereich des allgemeinen Datenschutzes sind technische und organisatorische Maßnahmen nach § 9 BDSG. Sie stehen unter dem Vorbehalt der Angemessenheit.

Für die Konkretisierung von Optimierungszielen und Abwägungsklauseln könnte argumentiert werden, dass im konkreten Einzelfall jeweils nur ein Ergebnis rechtlich richtig sein kann. Gefordert ist das Ergebnis, das sich bei einer Berücksichtigung aller erforderlichen Belange und ihrer richtigen Gewichtung ergibt. Wer aber soll die Feststellung aller erforderlichen Belange und ihre Gewichtung vornehmen? Die abstrakt rechtsdogmatisch zutreffende Feststellung, dass es rechtlich ein richtiges Ergebnis geben muss, wird den Bedingungen der vollzugspraktischen Durchsetzung der Optimierungen und Abwägungen nicht gerecht. Über die für die Feststellung der Belange und ihre Gewichtung notwendigen Informationen verfügt fast ausschließlich allein der Anbieter des Teledienstes.[338] Diese wird der Gutachter nicht gegen den Anbieter in ausreichendem Maß erheben können. Er ist auf die Informationen angewiesen, die ihm der Anbieter präsentiert. Diese werden in der Regel die Konkretisierung des Optimierungsziels oder der Abwägung durch den Anbieter stützen. Ohne umfangreiche eigene Aufklärungen wird der Datenschutzgutachter die Feststellungen und Gewichtungen des Anbieters selten widerlegen können. Dem Charakter des Datenschutzaudits als eines freiwilligen Instruments zur Stärkung der Selbstverantwortung des Datenverarbeiters[339] würde es jedoch nicht entsprechen, dem Datenschutzgutachter richterliche Aufklärungs- und Entscheidungskompetenzen zuzuschreiben. Vielmehr ist für das Datenschutzaudit das Zusammenspiel von objektiven Mindestkriterien und subjektiven Kriterien einer kontinuierlichen Verbesserung des Datenschutzniveaus fruchtbar zu machen.

Das Datenschutzrecht fungiert im Rahmen des Datenschutzaudits als objektiver, für alle Teilnehmer gleicher Minimalstandard. Dieser Funktion entspricht es, wenn der Datenschutzgutachter die

---

[338] Hier besteht für das Datenschutzaudit eine vergleichbare Situation, wie sie für das Umweltschutzaudit etwa hinsichtlich der Pflicht zur Abfallvermeidung und Abfallverminderung nach § 5 Abs. 1 Nr. 3 BImSchG besteht. Auch für die Konkretisierung dieser Pflicht verfügt fast ausschließlich der Anlagenbetreiber über die erforderlichen Informationen - s. z.B. Roßnagel 1994, § 5 Rn. 634 ff.

[339] S. Kap. 1.1.1.

Datenschutzerklärung daraufhin überprüft, ob die vom Anbieter vorgenommenen Konkretisierungen der datenschutzrechtlichen Anforderungen vertretbar sind. Auch für die Konkretisierung der Optimierungsziele und Abwägungen genügt es, wenn er sich auf die Prüfung beschränkt, ob die Angaben des Anbieters die getroffenen Schlussfolgerungen rechtfertigen. Die Richtigkeit der Angaben wird er auf Plausibilität kontrollieren und stichprobenweise verifizieren. Hinsichtlich der Konkretisierung des Prüfungsmaßstabs durch den Anbieter stellt sich für ihn nicht die positive Frage: Was wäre die richtige Optimierung der Datensparsamkeit? Vielmehr muss er die negative Frage beantworten: Kann er die Bestätigung der Datenschutzerklärung versagen? Diese Frage wird er nur dann bejahen können, wenn die Konkretisierung des Anbieters nicht mehr vertretbar ist.

Wenn auf diese Weise im Rahmen des objektiven Maßstabs letztlich nur ein Mindeststandard an Optimierung und Abwägung durchgesetzt werden kann, ist dies im Rahmen des Datenschutzaudits kein Nachteil. Denn eine Optimierung des Datenschutzes und der Datensicherheit oder eine Abwägung zugunsten von mehr Datenschutz und Datensicherheit wird beim subjektiven Kriterium berücksichtigt. Die Konkretisierung der Optimierungs- und Abwägungsgebote hängt ohnehin von der Zumutbarkeit, von der subjektiven Möglichkeit, letztlich von den individuellen Umständen ab. Wenn Datenschutz und Datensicherheit nach subjektiver Leistungsfähigkeit befördert werden, entspricht dies genau dem Charakter und der Zielsetzung des Datenschutzaudits.

3.4.2   Subjektive Kriterien

Der subjektive, auf dem objektiven aufbauende Maßstab ist die Selbstverpflichtung zur kontinuierlichen Verbesserung des Datenschutzes oberhalb datenschutzrechtlicher Pflichten. In Orientierung am Umweltschutzaudit müsste sich die datenverarbeitende Stelle zwar zum Einsatz der besten, verfügbaren Technik und Organisation verpflichten. Durch die Anbindung dieser Verpflichtung an die „wirtschaftliche Vertretbarkeit" ist die jeweilige Verbesserung des Datenschutzes und der Datensicherheit jedoch in die Verantwortung des Unternehmens gestellt. Im einzelnen stellt die datenverarbeitende Stelle im Datenschutzprogramm[340] einen Maßnahmenkatalog für die Anwendung auf und legt für die ein-

---

[340]   S. für das Umwelt-Audit Art.2 lit c) der EG-UAVO.

zelnen Maßnahmen Durchführungsfristen fest. Der Prüfungsmaßstab besteht dann darin festzustellen, wie hoch der Grad der
Übereinstimmung zwischen geplanten und durchgeführten Maßnahmen ist.[341] Für die „Übererfüllung" der gesetzlichen Anforderungen wird also gerade kein objektiver Maßstab angelegt.[342]
Vielmehr bestimmen die datenverarbeitenden Stellen selbst, um
wieviel sie ihre Datenschutzanstrengungen über das rechtlich geforderte Minimum hinaus verbessern wollen.[343]

Der subjektive Maßstab setzt an der Leistungsfähigkeit des einzelnen Unternehmens an.[344] Dadurch sind merkwürdige Konstel-
lationen möglich: So kann beispielsweise ein Unternehmen mit
bereits installierter innovativer Technik und datenschutzgerechter
Organisation nur noch auf vergleichsweise geringe Verbesserungen verweisen, wohingegen ein Unternehmen, das mit solchen
Maßnahmen erst beginnt, sensationelle Verbesserungsleistungen
dokumentieren kann, ohne jedoch im Ergebnis den Standard des
ersten Unternehmens zu erreichen. Oder es kann die Situation
entstehen, dass ein Unternehmen mit ehrgeizigen Zielen und der
Festlegung von kurzen Durchführungsfristen, die sich dann am
Ende des jeweiligen Prüfungszeitraumes lediglich zu 75% realisieren ließen, in der „Gesamtnote" schlechter dasteht als eine datenverarbeitende Stelle, die in ihr Datenschutzprogramm lediglich betriebswirtschaftlich notwendige Maßnahmen einstellt, diese aber jeweils zu 100% realisiert.[345] Diese Probleme können
teilweise durch die Vorgabe von Bewertungskriterien reduziert
werden. Sie sind aber dem Grundsatz des Audits geschuldet,
marktorientierte Anreize für eine freiwillige kontinuierliche Verbesserung des Datenschutzes entsprechend der Selbstverantwortung – und dies heißt auch entsprechend der Leistungsfähigkeit –
des jeweiligen Unternehmens zu setzen. Das Datenschutzauditzeichen kann aufgrund solcher Effekte nicht verweigert werden.

---

[341] S. dazu Anhang II Teil F Nr. 2 lit. b) der EG-UAVO.

[342] Dies jedoch unterstellen Drews/Kranz, DuD 1998, 94, und kritisieren diese
falsche Annahme.

[343] S. für das Umweltschutzaudit z.B. Theuer 1998, 50.

[344] Dies fordert auch die Gesellschaft für Datenschutz und Datensicherung,
GDD-Mitteilungen 2/99, 3f.

[345] Zu dieser Kritik am Prüfungsmaßstab für das Umwelt-Audit z.B. Wruk, UWF
1993, Heft 3, 61. Dieses Phänomen wird auch als „ökologische Zertifizierung normaler betriebswirtschaftlicher Prozesse" - Halley/Pfriem, UWF
1993, Heft 3, 51 - bzw. als „Prämierung von Trendsparen" - Kurz/Spiller
ZAU 1992, 305 - bezeichnet.

Die notwendige Transparenz im Wettbewerb kann jedoch über die Datenschutzerklärung hergestellt werden.

Ziele, die durch solche Anstrengungen immer besser erreicht werden können, sind etwa die datenschutzgerechte Organisation von Abläufen wie die organisatorische Trennung von Zahlung, Lieferung und Service oder der Verarbeitung von Verbindungs-, Nutzungs- und Abrechnungsdaten, der Schutz vor übereilter Einwilligung, die Unterrichtung der Betroffenen, die Organisation von Auskunft, Berichtigung, Sperrung und Löschung, die Verwendung als datenschutzkonform zertifizierter technischer Einrichtungen,[346] die Erforschung und Fortentwicklung von datenschutzgerechten Dienstleistungen und Produkten oder die Integration von Datenschutz und Datensicherheit in die technischen Bestandteile der Anwendungen.

Als solche Anstrengungen im Rahmen einer zusätzlichen kontinuierlichen Verbesserung des Datenschutzes und der Datensicherheit sind auch Verbesserungen anzuerkennen, datenschutzrechtliche Zielbestimmungen und Optimierungsgebote besser zu erfüllen oder Abwägungen stärker zugunsten des Datenschutzes und der Datensicherheit ausfallen zu lassen.[347] Diese Zielsetzungen und ihre Konkretisierung in Form von Prinzipien für die Systemherstellung, Systemauswahl, Systemkonfiguration und Nutzung sind zwar rechtlich vorgegeben und fallen somit unter die Einhaltung von Datenschutzregelungen. Sie können aber im Rahmen des Datenschutzrechts mehr oder minder gut erreicht werden. Ihre optimale Erfüllung sicherzustellen, sollte eine Hauptfunktion des Datenschutzaudits sein.[348]. Wer hier einen höheren Aufwand betreibt als andere, verdient eine Auszeichnung. Insgesamt sollte diese Funktion des Datenschutzaudits darin gesehen werden, „die Ziele der Dateneinsparung und eines hohen Datenschutzniveaus durch Stärkung der unternehmerischen Selbstverantwortung, der Transparenz und des Wettbewerbs zu erreichen".[349]

---

346 S. hierzu näher Kap. 3.2.1 und 5.1.1.

347 S. hierzu ausführlich Kap. 3.4.1.

348 S. hierzu für § 3 Abs. 4 TDDSG Bundesrat, BT-Drs. 13/7385, 57; s. allgemein Roßnagel, DuD 1997, 508.

349 S. provet 1996, Begründung zu § 11 des vorgeschlagenen Multimedia-Datenschutz-Gesetzes; ebenso Begründung zu § 17 MDStV; Bachmeier, DuD 1997, 680; Engel-Flechsig, DuD 1997, 15; Vogt/Tauss 1998, 19.

Als Verbesserungen sind auch Anstrengungen anzusehen, auf die Ausnutzung datenschutzrechtlich gegebener Niveauunterschiede zu verzichten. Beispielsweise ist für die Datenverarbeitung im Zusammenhang mit einem Vertragsverhältnis das BDSG mit seinen für die Datenverarbeitung privater Stellen geltenden Normen einschlägig, auch wenn der Vertrag dem mit Hilfe eines Teledienstes abgeschlossenen wurde. Das Schutzniveau des BDSG bleibt jedoch hinter dem Schutzniveau des TDDSG zurück. Insbesondere der Grundsatz der Datensparsamkeit ist im BDSG (noch) nicht normiert. Es besteht die Gefahr, dass die Forderung des TDDSG nach einer anonymen Nutzung und Bezahlung von Telediensten unterlaufen wird, wenn sich der Käufer bei Abschluss des Kaufvertrags durch die Gestaltung der Vertragsabwicklung identifizieren lassen muss. Um das Regelungsziel des TDDSG zu erreichen, müssen dessen Anforderungen in das allgemeine Datenschutzrecht ausstrahlen. Anknüpfungspunkt könnte der im allgemeinen Datenschutzrecht geltende Erforderlichkeitsgrundsatz sein.[350] Das Datenschutzaudit sollte dazu führen, lebensweltlich zusammengehörende Sachverhalte ganzheitlich zu sehen, nicht formaljuristisch aufzuspalten, sondern als zusammenhängende Abläufe an einem hohen Datenschutzniveau zu orientieren.

Die Abwägungs- und Optimierungsklauseln sind somit zweimal Prüfungskriterien: einmal in einer vertretbaren Konkretisierung des Anbieters als für alle Teilnehmer gleicher Mindeststandard und einmal als Verbesserungsziel für die individuellen Datenschutzanstrengungen. Für den Anbieter ist es weder erforderlich noch sinnvoll in der Datenschutzerklärung detailliert aufzuschlüsseln, welche Maßnahme der Erfüllung des objektiven und welche der des subjektiven Kriteriums dient. Entscheidend ist ein Gesamtkonzept für das Datenschutzmanagement, in dem der Datenschutzgutachter durchgängig die Einhaltung der Mindeststandards erkennen kann und in der er auch ausreichende überobligationsmäßige Beiträge feststellt.

Der konkrete subjektive Maßstab ergibt sich aus der Datenschutzpolitik und deren Konkretisierung in einem Datenschutzprogramm. Für die Formulierung der Datenschutzpolitik ist es nicht notwendig, dass jeder Anbieter die Prinzipien und Leitlinien, denen er sein Unternehmen verpflichten will, jeweils immer wieder selbst erarbeitet. Vielmehr wäre dies der geeignete

---

[350] S. hierzu Grimm/Löhndorf/Scholz, DuD 1999, 275.

Ort für eine Selbstregulierung der Branchen[351] oder internationaler „Codes of Conduct". Für den Bereich der Multimediadienste könnten etwa die „Prinzipien und Leitlinien zum Datenschutz bei Multimediadiensten" des Arbeitskreises „Datenschutzaudit Multimedia" als Vorbild dienen.[352] Anbieter von Internetdiensten könnten sich auch an der Recommendation No. R(99)5 des Europarats zum Schutz der Privatsphäre im Internet orientieren.[353] Jeder einzelne Anbieter könnte diese als Datenschutzpolitik seines Unternehmens übernehmen oder sie seinen spezifischen Verhältnissen anpassen. Er könnte sie zur Orientierung wählen, wenn er in seinem Datenschutzprogramm für einen bestimmten Zeitraum die Maßnahmen festlegen muss, mit denen er selbstgesteckte Ziele erreichen will.

Bei der Prüfung des subjektiven Maßstabs ist in der Datenschutzprüfung zu kontrollieren, ob die im Datenschutzprogramm selbstgesteckten Ziele erreicht werden konnten, festzustellen, an welchen Gründen eine Erfüllung der Ziele scheiterte, und ein Datenschutzprogramm für die nächste Auditperiode aufzustellen. Dieses Datenschutzprogramm muss ein in sich geschlossenes Konzept enthalten, wie das Datenschutzmanagementsystem die selbstgewählten Prinzipien und Leitlinien für den Datenschutz umsetzt. Es darf sich an der individuellen Leistungsfähigkeit des Anbieters ausrichten, muss aber als Entwicklungskonzept zu einer kontinuierlichen Verbesserung des Datenschutzes überzeugen. Dies festzustellen, ist eine Aufgabe des Datenschutzgutachters. Ihm kommt daher eine besondere Bedeutung für die Vertrauenswürdigkeit des gesamten Auditsystems zu.[354]

3.4.3   Gewährleistung von Vergleichbarkeit und Zielerreichung

Die Kriterien des Datenschutzaudits müssen zwei Funktionen erfüllen: Sie müssen zum einen sicherstellen, dass die Ziele des Datenschutzaudits erreicht werden. Sie müssen insbesondere zu einer Verringerung des Vollzugsdefizits beitragen und eine kontinuierliche Verbesserung des Datenschutzniveaus in der jeweiligen Anwendung bewirken. Zum anderen müssen sie die Vergleichbarkeit der Teilnahmeerklärung gewährleisten. Für diese

---

[351] S. hierzu auch die Verhaltenskodizes, die sich viele Branchen in Großbritannien und den Niederlanden gegeben haben - s. hierzu Kap. 1.1.4.

[352] S. DuD 1999, 285 ff. sowie die WWW-Nachweise in Kap. 1.1.2.

[353] S. MMR 1999, XIVf.

[354] S. hierzu auch Kap. 3.8.

Funktionserfüllung stellen sich insbesondere zwei Probleme: Wie können hinsichtlich des objektiven Kriteriums Zielerreichung und Vergleichbarkeit bei Anwendungen, insbesondere bei Tele- und Mediendiensten gesichert werden, die vom Ausland aus angeboten werden? Wie kann hinsichtlich des subjektiven Kriteriums bei individueller Maßstabswahl eine Vergleichbarkeit der jeweilige Fortschritte im Datenschutz und in der Datensicherheit erreicht werden?

Für das erste Problem bietet sich folgende Lösung an: Anbieter, die ihre Anwendung, etwa einen Teledienst vom *Ausland* aus betreiben, aber in der Bundesrepublik Deutschland anbieten,[355] unterliegen für die Verarbeitung personenbezogener Daten in ihrem Heimatland den dortigen Datenschutzgesetzen. Sie können nicht am Maßstab des TDDSG und anderer deutscher Datenschutzregelungen gemessen werden. Sie nur an den Anforderungen ihres Heimatstaates zu messen, würde zu Wettbewerbsverzerrungen führen. Da für sie nicht der gleiche Maßstab wie für ihre deutschen Konkurrenten gelten kann, muss aber zumindest ein vergleichbarer Maßstab gewählt werden. Da sie am deutschen Datenschutzaudit teilnehmen und am Markt damit werben wollen, den deutschen Datenschutzanforderungen gerecht zu werden und darüber hinaus weitere Anstrengungen für den Datenschutz zu unternehmen, müssen sie an vergleichbaren Anforderungen wie ihre deutschen Konkurrenten gemessen werden.

Für sie sollte der gleiche Maßstab gelten, den § 14 Abs. 5 SigG für die Berücksichtigung ausländischer Bestätigungen für technische Komponenten[356] und § 15 SigG für die Gleichstellung ausländischer digitaler Signaturen mit digitalen Signaturen nach dem Signaturgesetz[357] ansetzen: Ausländische digitale Signaturen müssen eine „gleichwertige Sicherheit" aufweisen und ausländischen Bestätigungen müssen „gleichwertige" technische Anforderungen, Prüfungen und Prüfverfahren zugrunde liegen. Einen ähnlichen Maßstab legt die EG-Datenschutzrichtlinie für den Vergleich mit anderen Datenschutzregimen an. Nach Art. 25 Abs. 1 der EG-Datenschutzrichtlinie ist die Übermittlung personenbezogener Daten in ein Drittland nur zulässig, wenn dieses Drittland ein „angemessenes Datenschutzniveau" gewährleistet.

---

[355] S. zur Möglichkeit der Teilnahme an einem Datenschutzaudit für ausländische Anbieter Kap. 3.3.4.

[356] S. hierzu näher Roßnagel 1999, § 14 SigG, Rn. 168 ff.

[357] S. hierzu näher Roßnagel 1999, § 15 SigG, Rn. 39 ff.

Die Gleichwertigkeit des Datenschutzes und der Datensicherheit in den Telediensten des ausländischen Anbieters hat sich an dem in der Bundesrepublik Deutschland geltenden Niveau auszurichten. Zwar kann nicht die buchstabengetreue Erfüllung aller Datenschutzanforderungen in der Bundesrepublik Deutschland zur Voraussetzung für das Bestehen des Datenschutzaudits erhoben werden. Insbesondere kann von ausländischen Anbietern nicht gefordert werden, dass sie formelle Anforderungen, wie etwa vorgesehene Meldungen an Behörden, erfüllen. Allerdings muss im Interesse einer Vergleichbarkeit gefordert werden, dass sie die wesentlichen materiellen Anforderungen der Datenvermeidung, der Zweckbindung, der Transparenz und der Wahrung der Entscheidungsfreiheit und der Rechte des Betroffenen sowie der Datensicherheit gewährleisten.

Für das zweite Problem, die *Vergleichbarkeit subjektiver Fortschritte* im Datenschutz, ist festzustellen: Die subjektive, individuelle Festlegung des Verbesserungsziels entsprechend den Möglichkeiten des jeweiligen Anbieters von Anwendungen wie zum Beispiel Telediensten darf nicht zu Beliebigkeit und damit in der Folge zu Wettbewerbsverzerrungen führen. Daher besteht auch für den subjektiven Maßstab die Notwendigkeit von Rahmenvorgaben.

Für das Umweltschutzaudit wirken die in Anhang I D zur UAVO genannten „guten Managementpraktiken" als Rahmenregelungen.[358] Als gemeinsame Zielsetzung für alle Teilnehmer wirken die zwei Anforderungen, den Umweltschutz tatsächlich kontinuierlich zu verbessern und die Umwelteinwirkungen soweit zu verringern, wie dies mit der besten verfügbaren und wirtschaftlich vertretbaren Technik möglich ist.[359] Für das Datenschutzaudit könnten die subjektiven Bewertungskriterien durch vergleichbare Anforderungen materiell ausgerichtet und vergleichbar gehalten werden. Sie könnten sich zwar immer noch von Anwendung zu Anwendung unterscheiden, weil sie ja subjektive Kriterien sind, hätten aber einen gemeinsamen Vergleichsrahmen.

Außerdem könnten sich in freier Selbstorganisation erarbeitete Prinzipien und Leitlinien für den Datenschutz in der jeweiligen Branche als gemeinsame Orientierungsmarken für alle Anbieter

---

[358] Nach dem Revisionsvorschlag der Europäischen Kommission sollen diese ersetzt werden durch Kap. 4 der Internationalen Norm ISO 14.001.

[359] S. Feldhaus, UPR 1998, 43.

herausbilden. Da die Einhaltung des Datenschutzrechts ohnehin für alle Teilnehmer selbstverständlich ist, wären die für das Datenschutzaudit entscheidenden subjektiven Anforderungen ein geeigneter Gegenstand für branchenbezogene Selbstregulierung.[360]

3.5   Verfahren

Nach den bisherigen Überlegungen kann das Verfahren des Datenschutzaudits weitgehend entsprechend dem Vorbild des Umweltschutzaudits bestimmt werden. In Anlehnung an dieses sollte das Datenschutzaudit in neun Schritten durchgeführt werden:

1. Die datenverarbeitende Stelle beginnt das Datenschutzaudit damit, dass sie eine *Eingangsprüfung* durchführt. Diese erbringt für jede Anwendung eine Bestandsaufnahme des Status der Verarbeitung personenbezogener Daten und des Status geltender Datenschutzregeln.

2. Nach dieser Bestandsaufnahmen verpflichtet sich die datenverarbeitende Stelle schriftlich zu einer die gesamte Organisation oder eine Anwendung betreffenden *Datenschutzpolitik*.

3. Auf dieser Grundlage erstellt die datenverarbeitende Stelle ein *Datenschutzprogramm* mit den konkreten Datenschutzzielen und dem Katalog konkreter Maßnahmen und dem Fristenplan zur Umsetzung der Datenschutzpolitik für die jeweilige Anwendung.

4. Parallel zum Datenschutzprogramm wird ein *Datenschutzmanagementsystem* eingerichtet, das die Organisationsstruktur, die Zuständigkeiten sowie die Verfahren, Abläufe und Mittel zur Verwirklichung der Datenschutzpolitik festlegt.

5. In periodischen Abständen führt die datenverarbeitende Stelle selbst eine *Datenschutzprüfung* als systematische und dokumentierte Analyse durch, ob Organisation, Management und Betriebsabläufe mit der Datenschutzpolitik und dem Datenschutzprogramm übereinstimmen und die angestrebte Verbesserung des Datenschutzes erreicht haben.

---

[360] Ein Beispiel hierfür sind die Prinzipien und Leitlinien des Arbeitskreises „Datenschutz-Audit Multimedia", DuD 1999, 285 ff.; der von der Canadian Standards Association entwickelte und von vielen Wirtschaftsverbänden unterstützte „Model Code" wurde sogar in den Gesetzentwurf für ein Datenschutzgesetz für den privaten Sektor inkorporiert – s. House of Commons of Canada 1999; Task Force on Electronic Commerce 1998; CSA 1996.

6. Als Ergebnis der jeweiligen Betriebsprüfung verfasst die datenverarbeitende Stelle eine *Datenschutzerklärung*.

7. Anschließend prüft ein zugelassener unabhängiger *Datenschutzgutachter* die Datenschutzpolitik, das Datenschutzprogramm, das Datenschutzmanagementsystem, die Datenschutzprüfung und die Datenschutzerklärung und bestätigt die Datenschutzerklärung.

8. Bestätigt der externe Datenschutzgutachter die Datenschutzerklärung wird diese an die zuständige Behörde zur *Registrierung* im Verzeichnis der am Datenschutzaudit teilnehmenden Stellen weitergeleitet und anschließend veröffentlicht

9. Aufgrund der Registrierung ist die datenverarbeitende Stelle berechtigt, ein *Datenschutzauditzeichen* für Werbezwecke zu nutzen.

3.6 Kommunikations- und Werbemöglichkeiten

Als „Belohnung" für die Anstrengungen des Datenschutzmanagementsystems bietet das Datenschutzaudit besondere Kommunikationsmöglichkeiten mit den Gruppen, die Ansprüche an das Unternehmen herantragen, wie Kunden, Vertragspartner, Mitarbeiter, Banken, Versicherungen, Anteilseigner, Behörden, Presse, Parteien und die interessierte Öffentlichkeit. Die Instrumente hierfür sind die Datenschutzerklärung und das Datenschutzauditzeichen.

3.6.1 Datenschutzerklärung und ihre Verwendung

Nach jedem Prüfungsverfahren wird als *Ergebnis* eine Datenschutzerklärung erstellt, die auf alle relevanten Problemstellungen eingeht und von einem externen Gutachter anhand des angesprochenen Prüfungsmaßstabs auf ihre Übereinstimmung mit den Bestimmungen des Datenschutzauditgesetzes überprüft wird.[361] Die Datenschutzerklärung wird für die Öffentlichkeit verfasst. Jeder Bürger kann die Erklärung anfordern.[362] Damit ist eine doppelte Zielsetzung verbunden.

---

[361] S. für das Umweltschutzaudit Art. 5 Abs. 2 und 3 lit.b) der EG-UAVO; s. hierzu z.B. auch Wohlfahrt/Signon 1998, 91 ff.

[362] Nach Anhang III Nr. 3.6 UAVO-RevE müssen die Organisationen dem Umweltgutachter nachweisen können, dass Einzelpersonen mit einem berechtigten Interesse am betrieblichen Umweltschutz der Organisation problem-

Zum einen soll eine gewisse Transparenz der Datenverarbeitung der Unternehmen erreicht werden. Die Datenschutzerklärung bietet Verbrauchern, die auf Datenschutz Wert legen, ein hilfreiches Entscheidungskriterium bei konkurrierenden Angeboten.[363] Das Datenschutzauditzeichen kann nur zwischen Teilnahme und Nichtteilnahme am Datenschutzaudit unterscheiden. Dadurch werden Differenzierungen im Datenschutzniveau nicht deutlich.[364] Der „Datenschutzprofi" bekommt dasselbe Zeichen wie der „Datenschutzanfänger". Daher kommt der Datenschutzerklärung die zentrale Aufgabe zu, die konkreten Zielsetzungen und Maßnahmen eines Anbieters im Unterschied zu anderen deutlich zu machen. Jeder Anbieter hat die Chance, sich durch Zahlen und Fakten zum gewährleisteten Datenschutz gegenüber Mitbewerbern zu profilieren.[365]

Zum anderen soll durch die gezielte Einbindung der Öffentlichkeit ein funktionales Äquivalent zur faktisch geringen Vollzugskompetenz der Datenschutz- und Aufsichtsbehörden geschaffen werden.[366] Eine informierte und interessierte Öffentlichkeit kann die Verwaltung von mancher Kontrollaufgabe entlasten, wenn die Eigenverantwortlichkeit der datenverarbeitenden Stellen dadurch gefordert wird, dass sie die Glaubwürdigkeit ihrer Tätigkeiten vor dem Forum der Öffentlichkeit belegen müssen.[367] Mit dieser Zielsetzung sollten die datenverarbeitenden Stellen mit interessierten Stellen einschließlich der Betroffenen einen offenen Dialog über die Erhebung, Verarbeitung und Nutzung personenbezogener Daten im Rahmen ihrer Anwendungen führen, um die Sorgen ihrer Anspruchsgruppen kennenzulernen.[368] Beide Zielsetzungen legen es nahe, die externe Datenschutzberichterstat-

---

los und uneingeschränkt Zugang zu den Informationen der Umwelterklärung haben .

[363] S. Roßnagel, AgV-Forum 1999, 41.

[364] S. hierzu auch Kap. 2.1.

[365] S. Hönes/Küppers 1998, 9.

[366] S. für das Umwelt-Audit Scherer, NVwZ 1993, 15; Schmidt-Aßmann, DVBl 1993, 933; Scheuing 1994, 345; Falk/Nissen, DB 1995, 2101; Köck, JZ 1995, 647; Kothe 1996, 71f.; Schmidt-Preuß 1997a, 1167.

[367] So für das Umweltschutzaudit Schmidt-Aßmann, DVBl 1993, 933.

[368] Nach Anhang I B Nr. 3 der UAVO-RevE müssen Organisationen „mit interessierten Stellen, einschließlich der lokalen Gebietskörperschaften und Kunden, einen offenen Dialog über die Umweltauswirkungen ihrer Tätigkeiten, Produkte und Dienstleistungen führen, um die Sorgen ihrer Interessengruppen kennenzulernen".

tung als *besondere Kommunikationssituation* zu verstehen.[369] Die Erklärung sollte daher folgende Anforderungen erfüllen:

- Verständlichkeit: Der Bericht muss zugeschnitten sein auf die Informationsbedürfnisse der Adressaten. Dies kann es auch erforderlich machen, ihn mit sachlichen Erläuterungen und zusätzlichen Informationen zu versehen.

- Transparenz: Die Darstellung isolierter Informationen ohne Vergleich hat oft nur beschränkten Informationswert. So müssen Dateneinsparungen auch neue Datenerhebungen oder Vergleichszahlen aus anderen Prüfperioden gegenübergestellt werden.

- Problembewusstsein: In den Bericht sind nicht nur Erfolge, sondern auch fortbestehende Problembereiche aufzunehmen.

Die Datenschutzerklärung muss glaubwürdig sein. Je offener und vollständiger sie abgefasst ist, desto positiver wird sie sich bei der externen Kommunikation über Datenschutzfragen auswirken.[370] Nur Datenschutzerklärungen mit Substanz können Arbeitsinstrument sein – für Banken bei der Kreditvergabe, für Versicherungen bei der Prämienfestsetzung, für Anleger beim Aktienkauf, für andere Unternehmen bei der Auswahl ihrer Kooperationspartner, für Consultants bei ihrer Beratung oder für Behörden bei ihrer Prüfung.[371]

Sofern die datenverarbeitenden Stellen mit der Datenschutzerklärung unterschiedliche Anspruchsgruppen ansprechen wollen, können die Datenschutzerklärungen aus unterschiedlichen Darstellungen bestehen, zum Beispiel einem Teil, der möglichst viele Daten und Informationen enthält und in erster Linie für die Fachleute bestimmt ist, und einem Teil, der in knapper und verständlicher Form verfasst ist, verständliche Darstellungen der Daten beinhaltet und sich insbesondere an die breitere Öffentlichkeit richtet und zu Werbezwecken verwandt werden kann.[372] Dieser an die Öffentlichkeit gerichtete Teil der Datenschutzerklä-

---

[369]   S. für die Umweltberichterstattung Clausen/Fichter, 1995, 7 ff.; Forschungsgruppe Betriebliche Umweltpolitik 1996, 47; Peter/Küppers 1997, 14f.; Freimann 1997, 584; Ganse/Gasser/Jasch 1997, 95 ff.

[370]   Ähnlich für die Umweltberichterstattung Clausen/Fichter, 1995, 116 ff.

[371]   Ähnlich für das Umweltschutzaudit Hönes/Küppers 1998, 9.

[372]   Diese Differenzierung ermöglicht Anhang III Nr. 3.4 der UAVO-RevE – s. hierzu auch Krisor, Ökologisches Wirtschaften 3-4/1998, 27.

rung muss allerdings in seinen Aussagen vom Datenschutzgutachter validiert sein. Er muss repräsentativ, korrekt, nachprüfbar, relevant und unmissverständlich sein und darf nicht irreführen.[373]

Die datenverarbeitende Stelle präsentiert sich mit der Datenschutzerklärung der Öffentlichkeit. Sie kann daher bestimmen, in welchem Umfang und Detaillierungsgrad sie Informationen über den Datenschutz und die Datensicherheit ihrer Anwendung zur Verfügung stellt. Um jedoch ein Mindestmaß an Aussagekraft der Datenschutzerklärung sicherzustellen, sollte als Mindestinhalt der Datenschutzerklärung festgelegt werden:

- Die Erklärung sollte die datenverarbeitende Stelle zumindest mit Namen, Rechtsform und Anschrift, ihren vertretungsberechtigten Organen und einer Zusammenfassung ihrer Tätigkeiten, vor allem der Produkte und Dienstleistungen, vorstellen.

- Weiterhin sollte die Datenschutzerklärung eine klare und eindeutige Beschreibung der überprüften Anwendung mit ihren Bestandteilen, ihrem Umfang und ihren Grenzen enthalten. Aus der Datenschutzerklärung muss zu erkennen sein, ob die Anwendung vollständig auditiert ist oder ob bestimmte Datenverarbeitungsschritte ausgeblendet werden mussten, weil für sie andere datenverarbeitende Stellen zuständig sind, die nicht am Datenschutzaudit teilnehmen. Zum Schutz gegen Missbrauch durch Abhängigkeitsbeziehungen sollte die Datenschutzerklärung alle weiteren an der Anwendung beteiligten verantwortlichen Stellen, deren Aufgabe im Rahmen der Anwendung und deren Beziehung zueinander benennen. Sie sollte erklären, welche der beteiligten Stellen sie beherrscht, von welchen sie abhängig ist und welche beteiligten Stellen von der gleichen Stelle wie sie abhängig sind.

- Die Datenschutzerklärung sollte die Datenschutzpolitik der datenverarbeitende Stelle wiedergeben, da deren Zielsetzungen der Maßstab für die Anstrengungen zum Datenschutz und zur Datensicherheit sind. Sie sollte um eine Beschreibung der selbstbestimmten Ziele und Anforderungen im Hinblick auf die signifikanten Datenschutz- und Datensicherheitsaspekte der Anwendung ergänzt werden. Diese wird in der Regel aus dem Datenschutzprogramm entnommen sein.

---

[373] S. hierzu ebenfalls Anhang III Nr. 3.4 der UAVO-RevE.

- Die Datenschutzerklärung sollte alle signifikanten Daten-schutz- und Datensicherheitsaspekte der Anwendung be-schreiben. Dadurch erfährt jeder die für die Anwendung ein-schlägigen Rechtsvorschriften für Datenschutz und Datensi-cherheit. Zusammen mit der Datenschutzpolitik werden so die materiellen Kriterien der Datenschutzprüfung transparent. Weiterhin sind die Ergebnisse einer Daten- und Datenfluss-analyse mit den Datentypen sowie den Schritten und Zwe-cken ihrer Erhebung, Verarbeitung und Nutzung sowie die Schnittstellen nach außen darzustellen. Weiterhin muß die Datenschutzerklärung die eingesetzten Techniken, Verfahren und Organisationsweisen der Datenverarbeitung sowie die mit ihnen verbundenen Fehler-, Mißbrauchs- und Schadens-möglichkeiten enthalten.

- Ein wesentlicher Bestandteil der Datenschutzerklärung muss eine Zusammenfassung des Verfahrens und der Ergebnisse der Datenschutzprüfung sein. Hierfür sind die verfügbaren Daten über die Einhaltung der Ziele und Anforderungen im Hinblick auf die signifikanten Datenschutz- und Datensicher-heitsaspekte der Anwendung auf aggregiertem Niveau an-zugeben. Nicht erforderlich ist die Präsentation aller empi-risch erhobener Daten. Doch müssen die verfügbaren Daten in einem Umfang vorgestellt werden, dass die wertenden Teilergebnisse der Datenschutzprüfung nachvollzogen wer-den können. Zu diesem Zweck können die Zahlenangaben zu Durchschnitts- oder Prozentwerten zusammengefaßt wer-den.

- Schließlich ist der Name und die Zulassungsnummer des Da-tenschutzgutachters sowie das Datum der Bestätigung der Da-tenschutzerklärung mitzuteilen.

Die Datenschutzerklärung muss der Öffentlichkeit so zugänglich gemacht werden, daß jeder Interessierte die Informationen in ei-ner klaren und kohärenten Weise auf zumutbaren Wegen erlan-gen kann. Dabei ist es jedoch der datenverarbeitende Stelle zu überlassen, in welcher Weise sie die Zugänglichkeit sicherstellt. Sie kann hierfür alle zur Verfügung stehenden Möglichkeiten nutzen. Sie kann zum Beispiel eine elektronische Publikation als WWW-Seite oder als Datei, die von einem Server heruntergela-den werden kann, wählen oder auch die Datenschutzerklärung als Broschüre drucken. Da sie jedoch dem Datenschutzgutachter nachweisen können muss, dass Einzelpersonen problemlos und uneingeschränkt Zugang zur Datenschutzerklärung haben, durfte sie im Regelfall auf das Bereithalten der Datenschutzerklärung in schriftlicher Form nicht verzichten können, wenn sie nur so einen diskriminierungsfreien Zugang auch für solche Interessierten sicherzustellen kann, denen kein Online-Zugriff möglich ist.

Die datenverarbeitende Stelle sollte die Datenschutzerklärung jährlich aktualisieren und die Änderungen von einem Datenschutzgutachter bestätigen lassen. Die aktualisierte Datenschutzerklärung sollte nach der Bestätigung der Registrierungsstelle übermittelt und anschließend frei zugänglich gemacht werden.

Im Bereich des Umweltschutzes sind die Umweltschutzerklärungen bereits vielfach für das „Ranking" von Unternehmen benutzt worden.[374] So hat etwa das Wirtschaftsmagazin „Capital" im Mai 1998[375] die 150 größten deutschen Unternehmen sowie viele mittelständische Unternehmen nach ihrem Umweltbericht gefragt, die Ergebnisse ausgewertet und zu einem „Ranking" für die besten Umweltberichte und Standorterklärungen verarbeitet. Solche „Rankings" stoßen offensichtlich in der Öffentlichkeit auf großes Interesse, weil sie vergleichende Transparenz hinsichtlich einer für Außenstehende schwer durchschaubaren Fragestellung schaffen. Für das Gesamt-Image eines Unternehmens macht es sich bemerkbar, ob es mit „sehr gut" unter den Siegern oder mit „nicht ausreichend" unter den Verlierern zu finden ist.

3.6.2   Datenschutzauditzeichen und Werbemöglichkeiten

Nach der Registrierung ist die datenverarbeitende Stelle berechtigt, zu Marketingzwecken ein Datenschutzauditzeichen zu verwenden.[376] Dieses Logo kann sie für die Kommunikation mit der Öffentlichkeit, insbesondere für Vertrauenswerbung nutzen. Ein gesetzlich geschütztes Zeichen für die überprüfte Selbstverpflichtung zur Einhaltung aller rechtlichen Datenschutzanforderungen und zu weitergehenden Anstrengungen zur kontinuierlichen

---

[374]   S. z.B. das Ranking des Rationalisierungs-Kuratoriums der Deutschen Wirtschaft (RKW) e.V. in Peter/Küppers 1997 und des Öko-Instituts in Hönes/Küppers 1998; s. zu weiteren Rankings Ganse/Gasser/Jasch 1997, 169 ff.

[375]   Capital 5/1998 vom 24.4.1998.

[376]   Für das Umweltschutzaudit wird nach Art. 10 UAVO zu diesem Zweck eine Teilnahmeerklärung gemäß Anhang IV der UAVO angeboten; s. hierzu z.B. Sellner/Schnutenhaus, NVwZ 1993, 931; nach Art. 8 Abs. 1 UAVO-RevE soll diese Teilnahmeerklärung durch ein Zeichen ersetzt werden, das eingängiger und verständlicher ist – s. hierzu Storm, NVwZ 1998, 343f.; Lütkes/Ewer, NVwZ 1999, 24.

Verbesserung des Datenschutzes und der Datensicherheit bietet tatsächlich eine Grundlage, dem Unternehmen Vertrauen entgegenzubringen. „Wer sich künftig mit der werbewirksamen Teilnahmerklärung präsentiert, erhöht die Glaubwürdigkeit und Akzeptanz seines Unternehmens hinsichtlich des (Datenschutzes), steigert die Vertrauenswürdigkeit gegenüber Geschäftspartnern und optimiert die Identifikation der Mitarbeiter mit dem Betrieb."[377]

Die Werbemöglichkeiten müssen dem Gegenstand und der Intensität des Audits entsprechen. Wenn der Gegenstand des Datenschutzaudits das Datenschutzmanagementsystem einer Anwendung ist[378] und diese nur stichprobenweise auf die Erfüllung der rechtlichen Anforderungen und die kontinuierliche Verbesserung des Datenschutzes und der Datensicherheit überprüft wurde,[379] so kann sich die Werbung mit dem Zeichen auch nur auf die Teilnahme am Datenschutzaudit für die bestimmte Anwendung beziehen. Zu weitgehend wäre etwa die Werbeaussage, das Datenschutzaudit hätte die datenschutzrechtliche Unbedenklichkeit der Anwendung nachgewiesen. Wenn weder die Datenschutzkonformität eines Unternehmens noch die eines konkreten Produkts Gegenstand des Audits war, darf sich die Werbeaussage nicht auf ein konkretes Produkt oder das Unternehmen als solches beziehen. Wohl aber entspricht es dem Prüfgegenstand und dem Prüfungsumfang, wenn das Unternehmen mit seiner Teilnahme am Datenschutzaudit für die geprüfte Anwendung allgemeine Image-Werbung betreibt oder wenn es mit der Teilnahmeerklärung ein „Produkt" bewirbt, das mit der geprüften Anwendung identisch oder ein Teil der Anwendung ist.[380]

Für das Umweltschutzaudit ist die Verwendung der Teilnahmeerklärung in der unmittelbaren Produktwerbung ausgeschlossen.[381] Das gleiche sollte auch für das Datenschutzaudit gelten, da dieses nicht auf ein einzelnes Produkt bezogen ist.[382] Statt eines „Gütesiegels"[383] oder eines „Blauen Engels"[384] für ein Pro-

---

377   Bundesumweltministerium 1995, 17 für das Umweltschutzaudit.

378   S. hierzu Kap. 3.1.3.

379   S. näher Kap. 3.2.1.

380   S. hierzu auch Kap. 3.1.3.

381   Art. 10 Abs. 3 EG-UAVO.

382   S. hierzu oben Kap. 4.

383   Begründung zu § 17 des MDStV; ebenso Bachmeier, DuD 1996, 680; Engel-Flechsig, DuD 1997, 15; Berliner Datenschutzbeauftragter 1997, 134.

dukt sollte als Werbemöglichkeit ein Datenschutzauditzeichen vorgesehen werden, das für die Überprüfung des Datenschutzmanagements einer oder mehrerer Anwendungen steht.

Ähnlich wie nach dem UAVO-RevE der Europäischen Kommission[385] sollte das Datenschutzauditzeichen jedoch in Verbindung mit Datenschutzinformationen zu Tätigkeiten, Produkten und Dienstleistungen einer Organisation verwendet werden dürfen, sofern die Informationen der Datenschutzerklärung entnommen worden sind. Sie müssen exakt, unmissverständlich, begründet, nachprüfbar, relevant, signifikant, spezifisch und eindeutig sein und dürfen nicht irreführen. Da sie als Auszüge aus der Datenschutzerklärung aus ihrem bisherigen Zusammenhang genommen und in einen neuen Informationszusammenhang gestellt werden, besteht die Gefahr einer Veränderung des Informationsgehalts. Daher muss der Datenschutzgutachter bestätigen, daß die Information auch in ihrem neuen Zusammenhang die genannten Anforderungen ebenso erfüllt wie die bestätigte Datenschutzerklärung. Um diese Bestätigung der Öffentlichkeit deutlich zu machen, sollte dem Zeichen der Wortlaut „validierte Informationen" hinzugefügt werden.

Das Datenschutzauditzeichen sollte nicht für mißverständliche Werbung genutzt werden können. Daher darf das Zeichen nach dem UAVO-RevE der Europäischen Kommission nicht in allgemeiner Werbung für Produkte, Tätigkeiten und Dienstleistungen eingesetzt und nicht bei vergleichenden Werbeaussagen verwendet werden. Das Gleiche sollte für Datenschutzauditzeichen festgelegt werden. Durch das Datenschutzaudit ist das Datenschutzmanagement einer datenverarbeitende Stelle für eine bestimmte Anwendung, nicht aber ein bestimmtes Produkt, eine bestimmte Tätigkeit oder eine bestimmte Dienstleistung abschließend nach spezifischen Kriterien des Datenschutzes und der Datensicherheit überprüft worden. Daher ist das Anbringen des Zeichens auf Produkten oder ihrer Verpackung sowie auf Vergleichen zwischen Produkten, Tätigkeiten und Dienstleistungen irreführend.

Für die Nutzung des Datenschutzauditzeichens im Zusammenhang mit der jeweiligen Anwendung bietet sich für Teledienste die „Welcome-Page" geradezu an. Auch die WWW-Seiten zum Unternehmen selbst könnten das Datenschutzauditzeichen mit

---

384 Berliner Datenschutzbeauftragter 1997, 134.
385 S. Art. 8 Abs. 2 bis 4 UAVO-RevE.

Hinweis auf den auditierten Teledienst enthalten. In allen Fällen, in denen mit dem Datenschutzauditzeichen im Internet geworben wird, sollte ein Link auf eine Hypertext- oder Download-Fassung der Datenschutzerklärung bestehen. Dadurch kann jeder Interessierte die getroffene Werbeaussage inhaltlich vollständig nachvollziehen und selbst feststellen, auf was sich die Teilnahmeerklärung konkret bezieht. Auf diese Weise wird das undifferenzierte Datenschutzauditzeichen[386] inhaltsreicher und bringt die von Wettbewerber zu Wettbewerber unterschiedlichen Anstrengungen und Gewichtsetzungen zum Ausdruck.

Das Datenschutzauditzeichen könnte im Rahmen von automatisierten Prozessen geprüft und zur Kenntnis genommen werden.[387] Der internationale Standard des World Wide Web Consortiums „Platform for Privacy Preferences" (P3) sieht für Datenschutz unterstützende Techniken ein Feld für „Assurance" vor. In diesem können Informationen über die Prüfung der bekanntgegebenen Datenschutzpolitik durch das deutsche Datenschutzauditverfahren aufgenommen werden und dadurch in der automatischen Prüfung der Webseite die spezifische Präferenz des Nutzers erfüllt werden, nur auf auditierten Webseiten personenbezogene Daten zu hinterlassen.[388] Die Verbindung des Datenschutzaudits mit P3 könnte die Standards des deutschen Datenschutzaudits auch international kommunizierbar machen und für den deutschen Datenschutzstandard werben.[389]

Die Werbemöglichkeit bietet für die datenverarbeitenden Stellen einen Anreiz, sich am Datenschutzaudit zu beteiligen. Das Datenschutzauditzeichen ist ein geeignetes Qualitäts- und Unterscheidungsmerkmal gegenüber der Konkurrenz. Es bietet Kunden, die auf Datenschutz Wert legen, ein hilfreiches Entscheidungskriterium bei konkurrierenden Angeboten. Es könnte den Zugang zu öffentlichen Fördermitteln erleichtern und zu einer Bevorzugung bei öffentlichen Aufträgen führen.[390] Zugleich bie-

---

[386] S. hierzu Kap. 2.1.

[387] S. hierzu auch Westin 1997; Reidenberg 1996; Reidenberg 1998, 560 ff.; Reidenberg 1999, 787 ff.

[388] S. hierzu näher Reagle/Cranor, CACM 2/1999, 48 ff.

[389] S. hierzu näher Grimm 1999.

[390] S. für das Umweltschutzaudit z.B. Sellner/Schnutenhaus, NVwZ 1993, 932; Kothe 1996, 17. Nach einer Meldung der Frankfurter Rundschau vom 19.3. 1999 beabsichtigt das Bundesumweltministerium, die Vergabe von öffentlichen Aufträgen an die Bereitschaft von Unternehmen zu koppeln, Umweltmanagement zu betreiben. Bei der Auswahl von Unternehmen sollte

tet das Datenschutzauditzeichen der Öffentlichkeit die Möglichkeit, das Unternehmen und dessen Politik mit seiner Selbstverpflichtung zu vergleichen, Fortschritte im Datenschutz zu beobachten und eventuell öffentlich einzuklagen.

Eröffnete oder ausgelassene Gelegenheiten zur Datenvermeidung und Dateneinsparung, unternommene oder unterlassene Anstrengungen zur Organisation pseudonymer oder anonymer Nutzung von Informationstechnik, Alternativen in der Systemherstellung, Systemauswahl, Systemkonfiguration und Anwendung sind für Außenstehende schwer zu erkennen und zu bewerten. Ein Datenschutzaudit schafft in diesen Fragen Öffentlichkeit und Transparenz. Es führt zu einer stärkeren Unterscheidungsfähigkeit in Unternehmen, die Datenschutzanstrengungen unternehmen und Unternehmen, die solche Anstrengungen ablehnen. Diese weitergehende Differenzierungsfähigkeit stärkt die Marktposition nicht nur der datenschutzfreundlichen Unternehmen, sondern auch der Verbraucher.[391]

Das Datenschutzaudit kann eine gewisse Sogwirkung ausüben: Nehmen wichtige Konkurrenten an dem Verfahren teil, können sich auch andere Unternehmen gezwungen sehen, sich zu beteiligen.[392] Ob ein Unternehmen, das am Datenschutzaudit teilnimmt, aus diesem wieder ausscheren kann, dürfte davon abhängen, wie sehr es vom Vertrauen der Anspruchsgruppen abhängig ist[393] und wie sehr diese sich für das Datenschutzaudit interessieren. Von der Idee des Datenschutzaudits her sollte der

---

auch deren kontinuierliche Leistungsbereitschaft berücksichtigt werden, für die eine erhöhte Störanfälligkeit als Minuspunkt gelten könnte. Eine vergleichbare Regelung – allerdings nicht für Unternehmen, sondern für IT-Produkte sieht der Gesetzentwurf zu einem neuen Bundesdatenschutzgesetz der Bundestagsfraktion BÜNDNIS90/DIE GRÜNEN in der Begründung zur Datenschutzaudit-Vorschrift vor: „Das Instrument des Datenschutzaudits läßt sich dadurch fördern, dass bewertete Produkte bei der Anschaffung vorgezogen werden." In der vorgeschlagenen Regelung des § 16 Abs. 2 Satz 3 ist hierzu ergänzend geregelt: „Produkte, deren Vereinbarkeit mit den Regeln des Datenschutzes und der Datensicherheit in einem förmlichen Verfahren geprüft worden und positiv bewertet worden sind, sollen vorrangig berücksichtigt werden." Diese Aufforderung richtet sich an alle datenverarbeitenden Stellen.

[391] S. Roßnagel, AgV-Forum 1999, 41.

[392] Ebenso für das Umweltschutzaudit Sellner/Schnutenhaus, NVwZ 1993, 932; Schneider, Verwaltung 1995, 367; Schmidt-Preuß 1997a, 1166f.

[393] Ein spürbarer Teilnahmedruck ergibt sich beim Umweltschutzaudit dadurch, dass Kreditgeber und Versicherer die Teilnahme bei der Einstufung des „credit standing" oder der Risikobeurteilung zunehmend honorieren – s. Schmidt-Preuß 1997a, 1167.

Image-Verlust so groß sein, dass ein in der Öffentlichkeit agierendes Unternehmen – aufgrund der Wettbewerbsdrucks – sich diesen Schritt kaum leisten kann. Da die Unternehmen noch andere Anreizsysteme zu beachten haben und nicht alle existenziell vom Vertrauen ihrer Anspruchsgruppen abhängen, bleibt in der Wirklichkeit den meisten Unternehmen ein beträchtlicher Entscheidungsspielraum, der ihnen erlaubt die Vor- und Nachteile einer weiteren Teilnahme gegeneinander abzuwägen.[394] Andererseits ist eine gewisse Sogwirkung zu erwarten und auch beabsichtigt.[395]

3.7 Zusammenarbeit mit dem betrieblichen Datenschutzbeauftragten

Das Datenschutzaudit wird für die teilnehmenden datenverarbeitenden Stellen zusätzliche Kosten verursachen.[396] Allerdings ist die Erfahrung vieler Unternehmen mit dem Umweltschutzaudit, dass das Audit mehr Geld durch das Aufzeigen betrieblicher Einsparpotentiale einspart, als seine Durchführung gekostet hat.[397] Die Amortisationsrate für die Kosten des Umweltschutzaudit beträgt im Durchschnitt 1,5 Jahre.[398] Ob für das Datenschutzaudit ähnliche Ergebnisse zu verbuchen sind, bleibt abzuwarten. Wenn es sich – auch im Hinblick auf seinen Werbeeffekt und die Kosten anderweitiger Werbemaßnahmen – als zu teuer erweist, wird es sich aufgrund seiner Freiwilligkeit ohnehin nicht durchsetzen.

Um die Kosten eines Datenschutzaudits in Grenzen zu halten, bietet es sich an, die Fachkompetenz im eigenen Unternehmen für die Durchführung des Audits zu nutzen. Vor allem drängt es sich auf, dem im nicht-öffentlichen Bereich nach § 36 BDSG ohnehin zu bestellenden betrieblichen Datenschutzbeauftragten hierbei eine zentrale Rolle einzuräumen.[399] Denn zwischen sei-

---

394 Daher dürfte es übertrieben sein, das Umweltschutzaudit als „unentrinnbares selbstregulatives perpetuum mobile" zu bezeichnen – so Schmidt-Preuß 1997b, 187. Dieser „unentrinnbare" Mechanismus hält jedenfalls viele Unternehmen nicht davon ab, aus dem Umweltschutzaudit wieder auszuscheiden.

395 S. Kap. 3.3.2.

396 Hierauf weisen auch Drews/Kranz, DuD 1998, 93f. zurecht hin.

397 S. hierzu Kap. 3.1.2.

398 S. näher Evaluationsbericht der Bundesregierung, BT-Drs. 13/11127,7.

399 Ebenso der Arbeitskreis „Datenschutzbeauftragte" im Verband der Metallindustrie Baden-Württemberg (VMI), DuD 1999, 281 ff.; Gesellschaft für Da-

nen Aufgaben und denen des Datenschutzaudits bestehen viele Parallelen.[400] Das Unternehmen muss sich in seiner Datenschutz-Politik verpflichten, die einschlägigen Datenschutz-Vorschriften einzuhalten und den Datenschutz kontinuierlich zu verbessern. Die zentrale Aufgabe des betrieblichen Datenschutzbeauftragten gemäß § 37 BDSG ist es, die Einhaltung datenschutzrechtlicher Vorschriften sicherzustellen.[401] Viele Teilaufgaben, die er in diesem Rahmen zu erfüllen hat, können auch für die Vorbereitung des Audits und die interne Betriebsprüfung genutzt werden:

Zur Vorbereitung des Datenschutzaudits hat das Unternehmen in einer *Eingangsprüfung* eine Bestandsaufnahme zur Verarbeitung personenbezogener Daten und der einschlägigen Datenschutz-rechtsvorschriften zu erstellen. Diese Aufgabe fällt weitgehend mit der Aufgabe des Datenschutzbeauftragten zusammen, die ordnungsgemäße Anwendung der Datenverarbeitungs-Programme zu überwachen. Zu diesem Zweck ist er nämlich über alle Vorhaben der automatisierten Verarbeitung personenbezogener Daten im Unternehmen zu unterrichten. Außerdem ist ihm eine Übersicht über die eingesetzten Datenverarbeitungsanlagen zur Verfügung zu stellen, die Bezeichnung und Art der Dateien, die Art der gespeicherten Daten, die Geschäftszwecke, zu deren Erfüllung die Kenntnis dieser Daten erforderlich ist, deren regelmäßige Empfänger sowie die zugriffsberechtigte Personengruppe oder Personen, die allein zugriffsberechtigt sind. Er hat schließlich die bei der Verarbeitung personenbezogener Daten tätigen Personen mit den einschlägigen Datenschutzvorschriften vertraut zu machen. Bei ihm ist das Wissen über die Verarbeitung personenbezogener Daten und die hierfür relevanten Rechtsvorschriften bereits vorhanden.

Aufgrund dieser Informationen weiß der betriebliche Datenschutzbeauftragte am besten, wo der Datenschutz verbessert werden kann. Es dürfte sich daher empfehlen, ihn intern mit der konkreten Ausarbeitung eines *Datenschutzprogramms* zu beauftragen, in dem Verbesserungsziele sowie Maßnahmen und Fristen zu ihrer Umsetzung zu beschreiben sind. Verabschiedet und verantwortet werden muss das Datenschutzprogramm von der Unternehmensführung.

---

tenschutz und Datensicherung, GDD-Mitteilungen 2/99, 3f. Für das Umweltschutzaudit und die Umweltschutzbeauftragten ebenso Feldhaus, BB 1995, 1548: „geradezu prädestiniert"; Janke 1995, 190 ff.; Bartram 1998, 84.

[400] S. hierzu ausführlich Roßnagel, DuD 1997, 513f.

[401] S. Engel-Flechsig, DuD 1997, 15; Engel-Flechsig, RDV 1997, 67.

Da der Datenschutzbeauftragte bei der Auswahl der bei der Verarbeitung personenbezogener Daten tätigen Personen beratend mitzuwirken hat, könnte er auch wertvolle Hilfestellungen für die Etablierung eines *Datenschutzmanagementsystems* geben. Er kann vor allem bei der Installation einer Ablaufkontrolle etwa durch die Vorbereitung von Arbeitsanweisungen und Überwachungsverfahren unterstützend wirken. Zu den „guten Managementpraktiken"[402] gehören auch die Motivation, Information und Ausbildung aller Unternehmensangehörigen, die mit der Verarbeitung personenbezogener Daten betraut sind. Dies ist eine originäre Aufgabe des Datenschutzbeauftragten.[403]

Dem Datenschutzbeauftragten sind ohnehin Änderungen in der Art, im Konzept und in der Zwecksetzung der Verarbeitung personenbezogener Daten ebenso zu melden wie die Nutzung neuer Verfahren und Techniken. Daher bietet es sich an, ihm auch die wiederkehrende interne *Datenschutzprüfung* zu übertragen. Für die Prüfung fordert die UAVO in Art. 2 lit. l und Anhang II Teil C, dass sie von fachlich kompetenten, objektiven und unabhängigen Prüfern durchgeführt wird. Diese Anforderungen werden in der Person des Datenschutzbeauftragten erfüllt.[404] Als Ergebnis dieser Betriebsprüfung kann der betriebliche Datenschutzbeauftragte dann auch die *Datenschutzerklärung* verfassen, die von dem externen Gutachter bestätigt werden soll. Schließlich kann der Datenschutzbeauftragte bei der abschließenden Prüfung Ansprechpartner für den externen Gutachter sein, diesen unterstützen und so die Prüfung wesentlich beschleunigen.

Durch das Datenschutzaudit sollen Strukturen für eine unternehmensinterne Kommunikation zu Datenschutzfragen aufgebaut werden.[405] Diese Strukturen bestehen durch die Institution des betrieblichen Datenschutzbeauftragten bereits in Ansätzen. Sie sollen nicht nur die Einhaltung von Datenschutzrecht sicherstellen, sondern auch als Anker einer weitergehenden Kommunikation über eine Verbesserung des Datenschutzes dienen. Diese zweite Funktion des Datenschutzbeauftragten bekommt durch die Organisationsstrukturen des Datenschutzaudits und seine ma-

---

[402]   S. zu diesen, Anhang I Teil D der EG-UAVO.

[403]   Ebenso auch Kothe 1996, 53 für das Umweltschutzaudit.

[404]   S. hierzu für das Umweltschutzaudit auch Feldhaus, BB 1995, 1548; Bartram 1998, 84.

[405]   Ähnlich für das Umweltschutzaudit Köck, JZ 1995, 647.

terielle Ausrichtung auf eine kontinuierliche Verbesserung des Datenschutzes und der Datensicherheit zusätzliche Entfaltungsmöglichkeiten und einen neuen Anschub. Die Teilnahme am Datenschutzaudit verbessert die Strukturen und konzentriert die Inhalte der datenschutzorientierten Kommunikation im Unternehmen.

Insgesamt könnten sich Datenschutzaudit und Datenschutzbeauftragte sehr gut ergänzen. Das Datenschutzaudit würde von dem Wissen und dem Engagement des Datenschutzbeauftragten profitieren. Umgekehrt würde das Datenschutzaudit die bestehende Aufgabe des Datenschutzbeauftragten, die Einhaltung des Datenschutzrechts sicherzustellen, unterstreichen und um die neue Aufgabe, den Datenschutz kontinuierlich zu verbessern, erweitern und damit insgesamt die innerbetriebliche Stellung des Datenschutzbeauftragten aufwerten.[406]

3.8   Datenschutzgutachter

Das Datenschutzaudit ist keine Verdopplung der behördlichen Kontrolle, sondern eine formalisierte und nach außen gerichtete Eigenkontrolle. Für den Inhalt der Datenschutzerklärung ist die datenverarbeitende Stelle verantwortlich. Gerade deshalb ist es für die Akzeptanz des Verfahrens von entscheidender Bedeutung, dass durch die Bestätigung der Datenschutzerklärung durch den externen Gutachter ein Höchstmaß an Glaubwürdigkeit geschaffen wird.[407] Da die Bestimmung dessen, was und nach welchen Kriterien geprüft wird, immer interpretationsbedürftig sein wird, rückt die Person des Überprüfenden in den Mittelpunkt des Interesses. Der externe Gutachter ist die einzige neutrale Person, die alle Informationen erhält, die der späteren, für die Öffentlichkeit aufbereiteten Fassung der Datenschutzerklärung zugrunde liegt. Er ist damit der einzige Garant für die materielle Wahrheit der Datenschutzerklärung – auch bezüglich der Zeilenzwischenräume. An den externen Gutachter sind damit hohe Anforderungen zu stellen. Hinsichtlich seiner Zulassung und ihrer

---

[406]   S. hierzu auch Arbeitskreis „Datenschutzbeauftragte" im Verband der Metallindustrie Baden-Württemberg (VMI), DuD 1999, 281 ff.

[407]   S. für das Umweltschutzaudit den Evaluationsbericht der Bundesregierung, BT-Drs. 13/11127, 8; Schneider, Verwaltung 1995, 367f., 380; Köck, JZ 1995, 648; Ganse/Gasser/Jasch 1997, 71f.; Wohlfahrt/Signon 1998, 111: „Garantenstellung gegenüber der Öffentlichkeit"; Storm, NVwZ 1998, 343; Schmidt-Preuß 1997a, 1170 ff.; Frings/Schmidt 1998, 397, 400; für das Datenschutzaudit .Roßnagel, DuD 1997, 514; Königshofen, DuD 1999, 266 ff.

Voraussetzungen kann sich das Datenschutzaudit an den Regelungen des UAG orientieren.[408] Nur durch entsprechende Sicherungen der Vertrauenswürdigkeit des Gutachters kann der Staat einen funktionssicheren Rahmen für die Entfaltung selbstregulativer Verfahren schaffen und damit seiner Gewährleistungsverantwortung gerecht werden.[409]

Der Entwurf für ein neues Landesdatenschutzgesetz des Landesdatenschutzbeauftragten Schleswig-Holstein sieht als externen Gutachter den Landesdatenschutzbeauftragten vor.[410] Dies mag für die Vorabüberprüfung von Verfahren in der Landesverwaltung sinnvoll sein, dürfte aber auf die Kontrolle der Datenschutzerklärungen aller datenverarbeitenden Stellen in unterschiedlichsten Bereichen nicht zu übertragen sein. Zum einen fehlt dem Bundesdatenschutzbeauftragten und den meisten Datenschutzbeauftragten der Länder die rechtliche Kompetenz für die Kontrolle des privaten Bereichs. Daher wäre es systemwidrig, sie mit der Überprüfung der Datenschutzerklärung zu beauftragen. Auch dürften sie in ihrer derzeitigen Ausstattung mit dieser Aufgabe überlastet sein. Zudem würde es dem Charakter des Datenschutzaudits als eines freiwilligen marktwirtschaftlich wirkenden Instruments des Datenschutzes widersprechen, den jeweiligen externen Datenschutzgutachter gesetzlich festzulegen. Vielmehr entspricht es der gesamten Konzeption, wenn – wie im Umweltschutzaudit – die jeweilige datenverarbeitende Stelle sich einen externen Datenschutzgutachter auswählen kann.

Das UAG hat das Berufsbild des Umweltgutachters geschaffen und sich dabei an dem Berufsbild des Wirtschaftsprüfers orientiert. Es legt damit einen individualbezogenen Fachkundeansatz zugrunde. Das heißt, dass die verantwortlich die Begutachtung durchführenden Personen die Anforderungen an Zuverlässigkeit, Unabhängigkeit und Fachkunde in eigener Person erfüllen müssen. In den meisten anderen EG-Mitgliedstaaten wurde demgegenüber ein organisationsbezogener Ansatz gewählt, nach dem es darauf ankommt, dass die Umweltgutachterorganisation so strukturiert ist, dass die organisatorische Trennung von Begutachtung vor Ort und Entscheidung über die Bestätigung, also ein Vier-Augen-Prinzip, das Vertrauen in die fachliche Validität und

---

[408] S. hierzu ausführlich Lübbe-Wolff, NuR 1996, 217 ff.; Lütkes, NVwZ 1996, 230 ff.; Kothe 1996, 128 ff.

[409] S. für das Umweltschutzaudit auch Schmidt-Preuß 1997a, 1172.

[410] s. näher Kap. 1.1.2.

Unabhängigkeit der Begutachtung gewährleisten soll. Der individualbezogene Ansatz des UAG ist demgegenüber mit einer Staatsaufsicht über die Qualität der Arbeit des Umweltgutachters gekoppelt. Dieses Aufsichtssystem gewährleistet nach Feststellung der Bundesregierung „die Qualität der durchgeführten Begutachtung eher als ein interner ,Gegencheck' in der Organisation des Umweltgutachters, die letztlich immer auf geschäftliche Notwendigkeiten Rücksicht zu nehmen hat".[411] Es bietet sich daher an, auch für den Datenschutzgutachter den individualbezogenen Ansatz zu übernehmen und sich hinsichtlich der Zulassung und Aufsicht am UAG zu orientieren.

3.8.1   Zulassung

Erfüllt der Antragsteller die Voraussetzungen, hat er einen grundrechtlichen Anspruch auf Zulassung. Die Zulassung wird für Teledienste oder eine bestimmte Klasse von Telediensten erteilt, für die der Antragsteller die Voraussetzungen, insbesondere seine fachliche Qualifikation, nachgewiesen hat. Sie kann für natürliche Personen und für Gutachterorganisationen erteilt werden.[412]

3.8.2   Anforderungen

Zugelassen werden können Gutachter, die fachlich qualifiziert, integer und zuverlässig sind.[413] Fachlich *qualifiziert* ist der Antragsteller, wenn er ausreichendes Fachwissen in technischen, organisatorischen und rechtlichen Fragen entsprechend dem Geltungsbereich der beantragten Zulassung sowie in Bezug auf Überprüfungsmethoden und -verfahren nachweisen kann. Diese Qualifikationen muss er durch eine einschlägige Ausbildung und durch eine mindestens dreijährige praktische Erfahrung in verantwortlicher Stellung im Bereich des Datenschutzes erworben haben. Die erforderliche persönliche *Integrität* weist der Antragsteller auf, wenn er unabhängig und unparteiisch ist. Diese Voraussetzung erfüllt er, wenn er nachweist, dass er selbst oder „seine Organisation und sein Personal keinem kommerziellen, finanziellen oder sonstigen Druck unterliegen, der ihr Urteil beeinflussen oder das Vertrauen in ihre Unabhängigkeit und Inte-

---

[411]   S. Evaluationsbericht der Bundesregierung, BT-Drs. 13/11127, 6.

[412]   S. für das Umwelt-Audit §§ 9 und 10 UAG.

[413]   S. zum folgenden § 4 - 7 UAG sowie z.B. Kothe 1996, 132 ff.

grität bei ihrer Tätigkeit in Frage stellen könnte".[414] *Zuverlässig* ist der Antragsteller, wenn er aufgrund seiner persönlichen Eigenschaften, seines Verhaltens und seiner Fähigkeiten geeignet ist, seine ihm obliegenden Aufgaben ordnungsgemäß zu erfüllen. Die Situation des Datenschutzgutachters ist derjenigen des Wirtschaftsprüfers oder Steuerberaters vergleichbar. Eine Orientierung an §§ 43 und 44 WPO ist daher zu empfehlen.[415]

3.8.3   Aufsicht

Eine einmalige Zulassung der Gutachter genügt nicht, um die Gleichwertigkeit der Datenschutzprüfungen und die Vertrauenswürdigkeit der Gutachter zu gewährleisten. Vielmehr hat die zuständige Behörde die Aufgabe, durch Aufsichtsmaßnahmen sicherzustellen, dass die Zulassungsvoraussetzungen auch weiterhin fortbestehen.[416]

Hierfür hat sie die Zulassungen der Datenschutzgutachter regelmäßig zu überprüfen und die Qualität der vorgenommenen Begutachtungen zu kontrollieren. Um die Einhaltung der Anforderungen an Datenschutzgutachter zu gewährleisten muss sie die notwendigen Anordnungen treffen können und gegebenenfalls die weitere Tätigkeit untersagen und die Zulassung zurücknehmen oder widerrufen können.[417]

Entsprechend § 16 Abs. 2 UAG sollte die Zulassungsstelle die Möglichkeit haben, die Fortführung gutachterlicher Tätigkeiten ganz oder teilweise vorläufig zu untersagen, wenn der Datenschutzgutachter eine Datenschutzerklärung mit unzutreffenden Angaben und Beurteilungen, insbesondere hinsichtlich der einschlägigen Datenschutzvorschriften, für gültig erklärt hat. Durch diese Regelung wird ein wirtschaftliches Eigeninteresse des Datenschutzgutachters begründet, die Berücksichtigung der Prüfungskriterien und die Einhaltung der geforderten Prüfungstiefe sicherzustellen. Auf diese Weise wird die geforderte Qualität der Begutachtung gewährleistet, ohne dass die Zulassungsstelle alle Gutachten vor der Gültigerklärung der Datenschutzerklärung überprüfen müsste. Vielmehr wird ein Selbststeuerungsprozess im Innenverhältnis zwischen Gutachter und Auftraggeber initiiert,

---

414   Anhang III Teil A Nr. 1 EG-UAVO.

415   S. hierzu auch § 6 Abs. 2 UAG; s. hierzu auch Kap. 3.9.2.

416   S. hierzu Art. 6 Abs. 1 i.V.m. Anhang III A Nr. 5 UAVO und § 15 ff. UAG.

417   S. zu den Aufsichtsmaßnahmen Lechelt 1998, 10.

dessen Wirksamkeit mit der einer direkten staatlichen Kontrolle vergleichbar ist.

Um die notwendige Unabhängigkeit der Gutachter von den Auftraggebern zu gewährleisten,[418] wurde vorgeschlagen, diese durch einen regelmäßigen Wechsel sicherzustellen. Ein Gutachter sollte ein Unternehmen höchstens dreimal hintereinander prüfen dürfen. Diese Regelung ließe genügend Raum zur Nutzung der durch Routine möglicherweise entstehenden Synergieeffekte, verhindere aber eine ökonomische Abhängigkeit des Gutachters vom Auftraggeber.[419]

3.8.4   Zuständigkeit

Für das Umweltschutzaudit ist mit der Zulassung und Beaufsichtigung von Umweltgutachtern und Umweltgutachterorganisationen die „Deutsche Akkreditierungs- und Zulassungsgesellschaft für Umweltgutachter mbH" (DAU) als juristische Person des Privatrechts beliehen.[420] Deren Zuständigkeit war vor Verabschiedung des UAG sehr umstritten[421] und ist das Ergebnis eines politischen Kompromisses.[422] Kritik an dieser Konstruktion wird weiterhin geltend gemacht.[423] Sie gilt als wenig sachgerecht[424] und zum Teil sogar als eurpoarechtswidrig.[425] Der Entwurf eines Umweltgesetzbuches hat sie zwar nicht ausgeschlossen, aber auch ausdrücklich nicht übernommen.[426]

---

[418] S. hinsichtlich der Abhängigkeit durch Folgeaufträge kritisch z.B. Hamschmidt 1995, 35.

[419] S. Storm, NVwZ 1998, 343.

[420] S. hierzu auch Kap. 3.1.1.

[421] S. hierzu z.B. Lübbe-Wolff, DVBl. 1994, 368; Ewer, NVwZ 1995, 458; Schneider, Verwaltung 1995, 368f.; Köck, JZ 1995, 649; Lütkes, NVwZ 1996, 231; Kothe 1996, 11; Rhein 1996, 132 ff.; Lübbe-Wolff, NuR 1996, 219 ff.; Fleckenstein 1996, 221; Lechelt 1998, 24f.; Racke 1998, 23.

[422] Nach dem Bericht der Bundesregierung, BT-Drs. 13/11127, 2, hat sich „die Beleihung der DAU ... im Interesse einer wirtschaftsnahen Lösung bewährt".

[423] In der Begründung zu § 169 UGB-E wird diese Konstruktion als „eigenwillig" bezeichnet – s. UGB-E 1998, 758.

[424] S. Schnutenhaus, ZUR 1995, 13; Lübbe-Wolff, NuR 1996, 220, bestreitet entschieden, dass es sich bei der Aufgabe der Gutachterzulassung und -aufsicht zur Verbesserung des Umweltschutzes um eine Selbstverwaltungsaufgabe der Wirtschaft handelt, da Selbstverwaltung immer nur die Verwaltung eigener Angelegenheiten ist.

[425] So Lübbe-Wolf, NuR 1996, 220f.

[426] S. Begründung zu § 169 UGB-E – s. UGB-E 1998, 758.

Die Zulassung und Aufsicht über die Datenschutzgutachter könnte ebenfalls der DAU übertragen werden. Auch könnte darüber nachgedacht werden, eine eigene juristische Person für die Zulassung und Aufsicht über die Datenschutzgutachter zu gründen und mit diesen Aufgaben zu beleihen. Für diese Lösung könnte geltend gemacht werden, dass im Hinblick auf den freiwilligen Charakter des Datenschutzaudits und seinem Verständnis als Instrument der regulierten Selbstregulierung eine wirtschaftsnahe Institution wie die DAU als Aufgabenträger geeignet erscheint.[427]

Als Alternative könnte sich anbieten, mit dieser Aufgabe eine Behörde zu betrauen. Sie müsste kompetent und für alle Beteiligten – für die Gutachter, für die Unternehmen und für die verschiedenen Anspruchsgruppen – gleichermaßen vertrauenswürdig sein. Als eine solche Behörde bietet sich die Regulierungsbehörde für Telekommunikation und Post an. Sie nimmt ohnehin verschiedene Zulassungs- und Aufsichtsfunktionen im Bereich der Telekommunikation wahr und verfügt hierfür über eine weitgehend unabhängige Stellung. Sie böte für alle beteiligten Kreise eine ausreichende Neutralität und Unabhängigkeit. Da sie sich im Rahmen des Telekommunikationsgesetzes mit Datenschutzfragen und im Rahmen des Signaturgesetzes mit Sicherheitsfragen befasst, verfügt sie auch bereits über die notwendige Kompetenz.

Im folgenden wird die letztlich nur politisch zu entscheidende Frage offengelassen, ob eine private Stelle oder eine Behörde, wie zum Beispiel die Regulierungsbehörde mit der Zulassung und Aufsicht der Datenschutzgutachter betraut wird.[428]

3.9 Registrierung

Kann eine datenverarbeitende Stelle eine von einem zugelassenen Datenschutzgutachter bestätigte Datenschutzerklärung vorweisen, hat sie einen Anspruch auf Registrierung als eine Stelle, die beim Datenschutzaudit teilnimmt. Die Registrierung ist Voraussetzung, um das Datenschutzauditzeichen für Werbung nutzen zu können.

---

427 Die hohe Durchfallquote bei der Zulassung der Umweltschutz-Gutachter – s. Evaluationsbericht der Bundesregierung, BT-Drs. 13/11127, 2 sowie oben Kap. 3.1.2 - läßt eine Befürchtung von Lübbe-Wolff, NuR 1996, 220, unbegründet erscheinen, nämlich dass die DAU bei der Gutachterzulassung zu viel Rücksicht auf die von ihr vertretenen Eigeninteressen der betroffenen Wirtschafts- und Gutachterkreise nimmt.

428 S. hierzu auch Kap. 3.9.1.

3.9.1   Zuständigkeit

§ 32 Abs. 1 UAG überträgt für das Umweltschutzaudit die Registrierung geprüfter Betriebsstandorte den Industrie- und Handelskammern und den Handwerkskammern.[429] Deren Zuständigkeit war ebenfalls sehr umstritten[430] und ist das Ergebnis eines politischen Kompromisses. Für eine breitere Einführung des Datenschutzaudits könnte erwogen werden, diese Lösung insoweit zu übernehmen, als die örtlichen Industrie- und Handelskammern mit der Registrierung betraut werden.[431] Da bei einer Regulierung des Datenschutzaudits vorerst jedoch nicht mit so großen Teilnehmerzahlen zu rechnen ist, dass es sich lohnen würde, in jeder Industrie- und Handelskammer die Kompetenz für die Registrierung aufzubauen und vorzuhalten, dürfte – zumindest vorerst – eine zentrale Lösung vorzuziehen sein. Hierfür käme als wirtschaftsnahe Lösung der Beauftragung der Industrie- und Handelskammern in Frage, die sich auf eine oder mehrere Kammern als Registrierungsstellen verständigen sollten.[432] Als eine behördliche Lösung würde sich die Übertragung der Registrierungsaufgaben auf die Regulierungsbehörde für Telekommunikation und Post anbieten, da diese eine weitgehend unabhängige Stellung besitzt und ohnehin verschiedene Aufsichtsfunktionen wahrnimmt.

Die Zuständigkeitszuordnung sollte in jedem Fall auch im Zusammenhang mit der Aufgabe der Zulassung und Beaufsichtigung der Datenschutzgutachter gesehen werden.[433] Würde etwa mit dieser Aufgabe die Regulierungsbehörde für Telekommunikation und Post betraut, würde sich anbieten, ihr auch die Registrierung der teilnehmenden Stellen zu übertragen. Würde jedoch als Aufsichtsbehörde für die Datenschutzgutachter eine private Stelle vorgesehen werden, dann würde eine Registrierung durch die Industrie- und Handelskammern näher liegen. Im Ge-

---

[429] S. hierzu Amtliche Begründung, BT-Drs. 13/1192, 22. Auch § 165 UGB-E sieht die Registrierung durch die Industrie- und Handelskammern und die Handwerkskammern vor – s. UGB-E 1998, 757f.

[430] Kritisch hierzu Lübbe-Wolff, NuR 1996, 224f., die befürchtet, dass das Umweltschutzaudit unter dem Anschein einer Selbstverwaltungsangelegenheit zur Selbstbedienungsangelegenheit gemacht worden sei.

[431] Auch der Entwurf des UGB übernimmt weiterhin diese Lösung – s. UGB-E 1998, 755.

[432] Die Bundesregierung hat in ihrem Evaluationsbericht, BT-Drs. 13/11127, 5 festgestellt, dass sich diese Lösung bewährt habe – s. Kap. 3.1.2.

[433] S. hierzu Kap. 3.8.4.

setzentwurf im Anhang zu diesem Gutachten wird exemplarisch die Übertragung auf die Industrie- und Handelskammern geregelt, ohne dass damit eine Präferenz für diese Lösung abzuleiten ist.

3.9.2   Voraussetzungen der Registrierung

Da der Datenschutzgutachter die Korrektheit der Datenschutzerklärung bereits inhaltlich geprüft hat, kann sich die registerführende Stelle grundsätzlich darauf beschränken, eine formelle Prüfung vorzunehmen. Sie wird in der Regel nicht über den nötigen Sachverstand verfügen, um schwierige technische und rechtliche Fragen des Datenschutzes und der Datensicherheit für alle in Frage kommenden Anwendungen und Dienstleistungen beurteilen zu können. Sie prüft lediglich, ob als formelle Voraussetzung für die Eintragung die Bestätigung der Datenschutzerklärung durch einen zugelassenen Datenschutzgutachter vorliegt. Grundsätzlich sollte eine für gültig erklärte Datenschutzerklärung genügen, um glaubhaft zu machen, daß die Anwendung alle Bedingungen des Gesetzes erfüllt. Die Glaubhaftmachung muss jedoch trotz bestätigter Datenschutzerklärung misslingen, wenn der Registrierungsstelle die folgenden Versagungsgründe positiv bekannt sind.

Die Registrierung sollte unterbleiben, wenn der Gutachter die Prüfung nicht in ausreichender Unabhängigkeit durchgeführt hat oder aus anderen Gründen befangen ist. Seine Unabhängigkeit ist zu bejahen, wenn er nicht in einem Abhängigkeitsverhältnis zur datenverarbeitenden Stelle oder zu demjenigen steht, der die Datenschutzprüfung durchgeführt hat. Damit ist ausgeschlossen, daß der Datenschutzgutachter sowohl die Datenschutzprüfung als auch die externe Überprüfung und Bestätigung vornimmt. Das Ziel des Datenschutzaudits ist, eine jeweils unabhängige Prüfung durch zwei verschiedene Stellen sicherzustellen. Für Datenschutzgutachter sollten grundsätzlich die gleichen Anforderungen wie für Abschlußprüfer im Rahmen der handelsrechtlichen Rechnungslegung gelten. Deshalb könnte zur Konkretisierung dieses Kriteriums auf eine entsprechende Anwendung des § 319 Abs. 2 und 3 HGB erwogen werden.

Die Registrierung sollte ebenfalls versagt werden, wenn Tatsachen die Annahme rechtfertigen, daß der Datenschutzgutachter seine Aufgaben nicht ordnungsgemäß erfüllt hat oder daß die datenverarbeitende Stelle eine Anforderung dieses Gesetzes nicht erfüllt. Hieraus ergibt sich keine Prüfungs- oder Nachforschungspflicht der Registrierungsstelle. Wenn ihr aber derartige Tatsachen bekannt sind, muß sie die Möglichkeit haben, von der Registrierung abzusehen.

Da die Registrierung einer datenverarbeitende Stelle, die gegen Datenschutzregelungen verstößt, nicht in Frage kommen kann, sollte – wie beim Umweltschutzaudit[434] – die registerführende Behörde vor der Eintragung dem zuständigen Datenschutzbeauftragten oder der zuständigen Aufsichtsbehörde Gelegenheit geben, sich innerhalb einer Frist von vier Wochen zu der beabsichtigten Eintragung zu äußern. Wird ein Verstoß mitgeteilt, der unbestritten bleibt oder nachgewiesen werden kann, so ist die Eintragung abzulehnen. Teilt die zuständige Stelle der Behörde einen Verstoß gegen Datenschutzregelungen mit, den das Unternehmen bestreitet, so ist die Entscheidung über die Eintragung auszusetzen, bis die für den Datenschutz zuständige Behörde und die datenverarbeitende Stelle den Vorwurf – notfalls vor Gericht – geklärt haben.. In der Regel wird die Eintragung dann erfolgen, wenn – analog von der für den Datenschutz zuständigen Behörde bestätigt worden ist, daß der Vorwurf beseitigt wurde und dafür gesorgt ist, daß der Verstoß nicht erneut eintritt.

Aufgrund dieser Beteiligung der zuständigen Überwachungsbehörde haben einzelne Unternehmen bei der Umweltbetriebsprüfung im Rahmen der Rechtskonformitätskontrolle den Kontakt zu ihr gesucht, um ihre Einschätzung zu einzelnen betrieblichen Problembereichen zu erhalten und gemeinsam mit ihr an sachgerechten Lösungen zu arbeiten. Da sich bei diesem Vorgehen das Initiativverhältnis zwischen Behörde und Unternehmen umkehrt, wird es als ein gelungenes Beispiel für die Anwendung des Kooperationsprinzips im Umweltrecht angesehen. Daher sollte auch beim Datenschutzaudit den datenverarbeitenden Stellen die Möglichkeit eröffnet werden, die zuständige Überwachungsbehörde bei Zweifelsfragen zu kontaktieren.[435] Der Klärungsbedarf dürfte im Datenschutzrecht – insbesondere für Teledienste – höher sein als im vergleichsweise weit durchgeregelten Bereich des Umweltrechts.

---

[434] S. Art. 18 Abs. 2 Satz 2 UAVO; § 33 Abs. 2 UAG; § 166 Abs. 2 UGB-E; s. hierzu näher z.B. Lechelt 1998, 14.

[435] Die Regelung einer Ansprechmöglichkeit in einer Rechtsverordnung kann sinnvoll sein, um einen entsprechenden Gebührenansatz mit aufnehmen zu können.

Das Datenschutzaudit zielt nicht auf eine einmalige Feststellung der Konformität mit datenschutzrechtlichen Anforderungen und zusätzlicher Maßnahmen für Datenschutz und Datensicherheit, sondern auf die ständige Einhaltung der Anforderungen und eine kontinuierliche Verbesserung von Datenschutz und Datensicherheit. Daher muss nach dem ersten Prüfzyklus das Datenschutzprogramm fortgeschrieben werden und neben neuen Zielsetzungen und Maßnahmen auch – abhängig von den Maßnahmen und ihrer Dringlichkeit – einen neuen Zeitpunkt für die nächste Datenschutzprüfung vorsehen und in der Datenschutzerklärung bekannt geben. Dieser sollte nicht später als drei Jahre nach der letzten Prüfung liegen. Da in der Datenverarbeitung sich innerhalb von drei Jahren sehr viel verändern kann, sollte die datenverarbeitende Stelle zumindest ihre Datenschutzerklärung jährlich aktualisieren. Um die Eintragung beizubehalten, ist zu fordern, dass die datenverarbeitende Stelle entsprechend ihrem Datenschutzprogramm, spätestens jedoch alle drei Jahre, eine Datenschutzprüfung durchführen lässt und eine Fortführung der Eintragung beantragt sowie die Datenschutzerklärung jährlich aktualisiert, von einem Datenschutzgutachter bestätigen lässt, der Registrierungsstelle übermittelt und öffentlich zugänglich macht.

3.9.3   Aufhebung der Registrierung

Ist die Eintragung erfolgt, muss sie aufgehoben werden können, wenn die notwendigen Voraussetzungen nicht gegeben waren oder weggefallen sind. In diesem Fall kann die Registrierungsstelle die Eintragung zurücknehmen oder widerrufen. Erfährt sie nach der Eintragung von der für Datenschutz zuständigen Behörde von einem Verstoß der datenverarbeitende Stelle gegen Datenschutzregelungen, so kann sie auch aus diesem Grund die Eintragung widerrufen und die datenverarbeitende Stelle aus dem Register streichen. Bestreitet die datenverarbeitende Stelle den Verstoß, darf die Eintragung nur vorübergehend aufgehoben werden. Aus Gründen einer rechtsstaatlichen Behandlung sollte die registerführende Stelle der betroffenen datenverarbeitende Stelle und der für den Datenschutz zuständigen Behörde Gelegenheit zur Stellungnahme geben, bevor sie die Eintragung streicht oder vorübergehend aufhebt.

Eine endgültige Streichung der Eintragung erfolgt, wenn feststeht, daß die datenverarbeitende Stelle Anforderungen des Gesetzes nicht erfüllt. Steht der Verstoß noch nicht fest, kann bis zur Klärung eines Verdachts die Eintragung vorläufig ausgesetzt werden. Wird der Registrierungsstelle durch die für Datenschutz zuständigen Behörden, Betroffene, Dritte oder in sonstiger Weise ein Verstoß gegen rechtliche Anforderungen an Datenschutz und Datensicherheit der Anwendung bekannt, den die datenverarbeitende Stelle bestreitet, darf sie die Eintragung nur dann vorläufig aussetzen, wenn wegen des Verstoßes ein Verwaltungsakt oder ein Bußgeldbescheid ergangen oder eine strafrechtliche Verurteilung erfolgt ist.[436] Zwar kann es nicht ausreichen, wenn die für den Datenschutz zuständige Behörde lediglich einen Verdacht äußert. Auch erscheint es sinnvoll zu verlangen, daß der Verstoß von der Behörde formell in einem Rechtsakt festgestellt ist. Andererseits muss der Verwaltungsakt nicht vollziehbar, der Bußgeldbescheid oder die strafgerichtliche Verurteilung müssen nicht rechtskräftig sein. Diese Anforderungen wären oft nur nach langwierigen Rechtsschutzverfahren zu erfüllen. Denn selbst eindeutig rechtmäßige Verwaltungsakte können nicht immer für sofort vollziehbar erklärt werden. Die vorgeschlagene Regelung bietet einen gerechten Ausgleich zwischen den berechtigten Interessen der eingetragenen datenverarbeitende Stelle und den Interventionsmöglichkeiten der beteiligten Behörden. Sichert die datenverarbeitende Stelle bei der Anhörung eine umgehende Beseitigung des Gesetzesverstoßes zu, kann die Aussetzung nur vorläufig erfolgen und wird wieder rückgängig gemacht, wenn der Registrierungsstelle von der für den Datenschutz zuständigen Behörde bestätigt worden ist, dass der Verstoß beseitigt wurde und dafür gesorgt ist, daß der Verstoß nicht erneut eintritt.

---

[436] S. hierzu auch § 34 Satz 2 UAG, der einen vollziehbaren Verwaltungsakt fordert, und § 167 Abs. 2 UGB-E, der eine Regelung vorsieht, wie sie hier vorgeschlagen wird. S. hierzu auch Lübbe-Wolff, NuR 1996, 225.

4

Notwendigkeit einer rechtlichen Regelung?

Das Datenschutzaudit könnte helfen, den Datenschutz zu stärken. Über den Anreiz der Image-Werbung („Tue Gutes und rede darüber") und den Wettbewerbseffekt der Teilnahme von Konkurrenten könnte eine Selbstverpflichtung und Selbstkontrolle der datenverarbeitenden Stellen zu einer kontinuierlichen Verbesserung des Datenschutzes und der Datensicherheit genutzt werden. Dadurch könnte die behördliche Kontrolle durch Datenschutzbeauftragte und Aufsichtsbehörden unterstützt und entlastet werden.

Bereits heute finden auf freiwilliger Grundlage Prüfungen von Managementsystemen statt. Diese könnten auch auf Datenschutzfragen ausgeweitet werden. Ist dann aber eine rechtliche Regulierung des Datenschutzaudits überhaupt notwendig?[437]

4.1 Unternehmenseigene Datenschutzprüfung?

Die Kontrolle des Datenschutzmanagementsystems könnte in einer unternehmenseigenen Datenschutzprüfung erfolgen. Diese bedarf keiner Regulierung von außen, sondern könnte nach internen Regeln erfolgen. Ihr Ziel könnte zum einen die Sicherstellung der Datenschutzanforderungen im Unternehmen[438] oder eine kontinuierliche Verbesserung des Datenschutzniveaus[439] sein. Für beide Zielsetzungen könnte sich die unternehmenseigene Datenschutzprüfung an dem hier entwickelten Konzept orientieren und den speziellen Gegebenheiten des Unternehmens anpassen.

---

[437] S. hierzu FDP-Bundestagsabgeordnete Laermann, BT-Sten.Ber. 13/16352 (D) vom 13.6.1997: „"Gegen ein freiwilliges Datenschutzaudit ist nichts einzuwenden. Es könnte für die Unternehmen zu einem Wettbewerbsmerkmal werden. Aber warum muss man es dann in ein Gesetz hineinschreiben? Sie können es doch tun, wenn es freiwillig ist. Wir wollen nicht alles überregulieren."

[438] S. hierzu auch Wächter, DuD 1995, 465 ff.

[439] S. Königshofen, DuD 1999, 267.

Ein praktisches Beispiel für eine unternehmenseigene Datenschutzprüfung ist die Deutsche Telekom AG.[440] Für sie hat sich das durchgeführte Verfahren mit quantitativen Qualitätsparametern offensichtlich bewährt. Allein die Tatsache der Messung und die Transparenz der Messergebnisse hat dazu geführt, dass die jeweils Fachverantwortlichen große Anstrengungen unternommen haben, um das Datenschutz- und Sicherheitsniveau ihrer Organisationseinheiten zu verbessern.

Trotz dieser Erfolge ist eine unternehmenseigene Datenschutzprüfung für die Zielsetzungen des Datenschutzaudits[441] unzureichend. Sie hat bezogen auf diese Ziele vor allem drei Nachteile: Ihr fehlt ein Garant der Glaubwürdigkeit, ihr fehlt die Kommunikationsmöglichkeit nach außen und ihr fehlt die Vergleichbarkeit mit anderen unternehmenseigenen Datenschutzprüfungen.

Da der Untersuchungsbereich und die Bewertungskriterien selbst gewählt sind, das Verfahren selbst bestimmt ist, die Bewertung durch das Unternehmen selbst erfolgt und keine externe Überprüfung stattfindet, kann eine unternehmenseigene Datenschutzprüfung nicht auf besondere Glaubwürdigkeit hoffen.[442] Die Datenschutzprüfung der Telekom AG wurde in dieser Hinsicht auch nicht positiv bewertet: „Sie beruht auf ungeprüften Angaben der zu Prüfenden; sie erfasst nur peripher gelegene Indikatoren und nicht den Kern des Gegenstandes; ihre Bezugsgröße ist ein willkürlich gewähltes Klassifizierungssystem; entsprechend fragwürdig sind die ausgewiesenen Defizite. Was soll das nutzen?"[443]

Mangels Glaubwürdigkeit der nur internen Prüfung kann auf ihrer Basis auch keine Kommunikation über die Anstrengungen zur Gewährleistung des Datenschutzes und der Datensicherheit nach außen unternommen werden. Wer für seine Angebote auf Akzeptanz der Nutzer angewiesen ist, wird mit der schlichten Behauptung, interne Prüfungen hätten ergeben, dass er bestimmte Erfolge im Datenschutz erzielt habe, sein Ziel nicht erreichen können. Damit fehlt der unternehmenseigenen Datenschutzprüfung ein wichtiger Anreiz zur Einführung eines Datenschutzmanagementsystems. Sie bietet keinen Wettbewerbsvorteil gegen-

---

[440] S. hierzu Kap. 1.2.

[441] S. hierzu Kap. 1.1.

[442] S. z.B. Friedel/Wiegand 1998, 48.

[443] Rihaczek, DuD 1999, 67.

über Mitbewerbern und veranlasst diese nicht, ebenfalls teilzunehmen.

Werden Datenschutzprüfungen von Unternehmen zu Unternehmen in unterschiedlicher Weise durchgeführt und an sie unterschiedliche Anforderungen gestellt, wird die Zielsetzung des Datenschutzaudits gefährdet, zu einer Markttransparenz hinsichtlich der Qualitätsmerkmale Datenschutz und Datensicherheit beizutragen.[444] Wenn die Prüfergebnisse nicht vergleichbar sind, führen Datenschutzprüfungen zu Wettbewerbsverzerrungen, die ein Datenschutzaudit gerade ausgleichen soll.

4.2 Datenschutzaudit im Rahmen des Qualitätsmanagements?

Diese drei Defizite könnten ausgeglichen werden, wenn die Unternehmen ein Audit nach allgemeingültigen Standards durchführen, dessen Ergebnisse extern zertifizieren lassen und mit dem Zertifikat werben. Dies könnte allein auf freiwilliger Basis und ohne jede rechtliche Regulierung erfolgen.

Im Umweltbereich können sich die Unternehmen in Konkurrenz zu dem europaweiten Umweltschutzaudit nach der UAVO nach den weltweit gültigen ISO-Normen der 14.000er Reihe zertifizieren lassen.[445] Diese Normen sind speziell für die Einführung und Prüfung von Umweltmanagementsystemen konzipiert und inzwischen auch mit der UAVO kompatibilisiert.[446] Nach dem Revisionsentwurf der Europäischen Kommission zur UAVO vom Oktober 1998 wird Kap. 4 der Norm ISO 14.001 sogar in die UAVO integriert.[447]

Für das Datenschutzaudit gibt es keine speziellen Techniknormen. Für diesen Zweck könnte nur versucht werden, die ISO-Normen der 9.000er Reihe anzuwenden. Diese wurden 1987 für die Errichtung und Prüfung von Qualitätsmanagementsystemen erlassen.[448] Zielsetzung der Normen ist es, die Erfüllung festgelegter Forderungen an einen Lieferanten oder Auftragnehmer nach außen hin, insbesondere gegenüber dem Auftraggeber dar-

---

[444] S. hierzu auch den Vergleich zwischen unterschiedlichen „Seal Programs" in USA in Center for Democracy and Technology 1999, 11 ff.; ebenso für das Umweltschutzaudit Hamschmidt 1995, 35.

[445] S. zur Konkurrenz zwischen UAVO und ISO 14.000 Kap. 3.1.2.

[446] S. hierzu Kap. 4.3.5.

[447] S. UAVO-Rev-E, Anhang I A.

[448] Sie wurden 1994 in Teilen aktualisiert - s. hierzu Wilhelm, DuD 1995, 330; Friedel/Wiegand 1998, 25f.

zulegen.[449] Das Qualitätsmanagementsystem nach ISO 9001 umfasst 20 Qualitätselemente.[450] Die oberste Leitung des Unternehmens muss eine Qualitätspolitik festlegen, eine Organisation für das Qualitätsmanagement einführen und aufrechterhalten. Erforderlich sind Verfahrensanweisungen und Qualitätsplanungen für das Managementsystem. Der Vertrag, der der Lieferung zugrunde liegt, muss geprüft werden. Eine Designlenkung muss erfolgen und die Lenkung der Dokumente und Daten organisiert werden. Der Lieferant muss Verfahrensanweisungen erstellen und aufrechterhalten, um sicherzustellen, dass das beschaffte Produkt die festgelegten Qualitätsanforderungen erfüllt. Es folgen dann die Kennzeichnung, die Prozesslenkung, die Produktprüfung, die Prüfmittelüberwachung, Feststellung des Prüfstatus, Lenkung fehlerhafter Produkte, Korrektur- und Vorbeugemaßnahmen, Handhabung, Lagerung, Verpackung, Konservierung und Versand, Lenkung von Qualitätsaufzeichnungen, interne Qualitätsaudits, Schulungen, Wartungsanweisungen und schließlich die Einführung von statistischen Methoden.[451] Die Durchführung dieser 20 Elemente ist Voraussetzung für die Zertifizierung nach ISO 9001. Sie betreffen alle Bereiche einer Organisation und müssen jeweils schriftlich dokumentiert sein.

Die Normenreihe ISO 9.000 wird in allen Industriezweigen genutzt. Sie wurde in über 70 Ländern als nationale Norm übernommen. In der Bundesrepublik Deutschland waren 1995 etwa 4.000 Unternehmen nach dieser Norm geprüft.[452] Die Einführungsdauer eines Qualitätsmanagementsystems liegt bei Unternehmen mit weniger als 100 Mitarbeitern durchschnittlich bei neun Monaten und in Unternehmen mit bis zu 500 Mitarbeitern bei etwa einem Jahr. Für größere Unternehmen wurden Einführungszeiträume zwischen einem und zweieinhalb Jahren festgestellt. Der Durchschnittswert der Kosten für das Qualitätsmanagementsystem liegen bei einer externen Zertifizierung bei etwa 200.000 DM.[453]

Für ein Datenschutzaudit wäre es nicht ausgeschlossen, auf das Qualitätsmanagement ein Datenschutzmanagementsystem „drauf-

---

449   ISO 9.001, Einleitung.

450   S. die Konkretisierung dieser Qualitätsmanagement-Elemente für Software-unternehmen in Wilhelm, DuD 1995, 331 ff.

451   S. ISO 9.001, Kap. 4.

452   S. Wilhelm, DuD 1995, 331.

453   S. Hamschmidt 1995, 15; ähnlich Wilhelm, DuD 1995, 334.

zusatteln" und dieses in gleicher Weise zu prüfen wie ein Qualitätsmanagementsystem.[454] Zu bedenken ist jedoch, dass alle Kriterien jeweils vom Unternehmen selbst gewählt werden müssten. Spezifische Datenschutzaspekte müssten quasi als zu erreichende Qualität definiert werden.

Für das Umweltschutzaudit bestand diese Möglichkeit ebenfalls.[455] Sie wurde aber von der ISO selbst als unzureichend angesehen und für Umweltmanagementsysteme 1996 eigens die Normenreihe ISO 14.000 beschlossen.[456] Die Europäische Kommission hätte zu Beginn der 90er Jahre ebenfalls diese Möglichkeit nutzen können. Sie hat sie aber aus guten Gründen nicht gewählt und statt dessen die UAVO erlassen.

Ebensowenig wie für das Umweltschutzaudit sind diese Normen der ISO 9.000er Reihe für das Datenschutzaudit inhaltlich ausreichend.[457] Als wesentliche Unterschiede zwischen der Norm ISO 9.000 und einem nach dem Vorbild des Umweltschutzaudit gesetzlich geregelten Datenschutzaudits sind festzuhalten:

- Die Normen sind sehr allgemein auf Qualitätssicherung bezogen. Die Qualität bezieht sich auf ein Produkt,[458] das aber auch eine Dienstleistung sein kann.[459] Die Norm ist auf die Qualität bezogen, die vom Auftraggeber vorgegeben wird. Der Lieferant oder Auftragnehmer soll mit Hilfe seines Qualitätsmanagementsystems darlegen können, dass er die vertraglich vereinbarten Anforderungen einhalten kann.[460] Die Norm ist deshalb von der Kundenbeziehung her konzipiert und nicht dafür gedacht, die Einhaltung von allgemeingültigen Anforderungen gegenüber der Öffentlichkeit darzulegen.[461] Das Qualitätsmanagement ist ein rein privatwirt-

---

[454] S. hierzu z.B. Büllesbach, RDV 1995, 5f.

[455] S. z.B. Hamschmidt 1995, 32.

[456] S. zur Geschichte z.B. Jasch 1995, 41 ff.

[457] Ebenso Gesellschaft für Datenschutz und Datensicherung, GDD-Mitteilungen 2/99, 3; s. hierzu auch z.B. Hamschmidt 1995, 32f.

[458] Als die Norm ISO 9.001 formuliert wurde, hat man vor allem an die klassische Produktion von Stückgütern gedacht. Erst nachträglich wurden zusätzliche Leitfäden und Interpretationshilfen entwickelt, um die Anforderungen auch auf andere Produktkategorien oder Dienstleistungen anwenden zu können – s. Wilhelm, DuD 1995, 331.

[459] ISO 9.000, Kap. 3.1.

[460] ISO 9.001, Kap. 1.

[461] S. hierzu auch Liesegang, UWF 3/1995, 4; Hamschmidt 1995, 6f.; Jasch 1995, 46; Wilhelm, DuD 1995, 330f, 335; Schottelius, NVwZ 1998, 808; Sche-

schaftlicher Vorgang. Das Datenschutzmanagement ist dagegen dem Gemeinwohl verpflichtet. Beiden Systemen liegen also ganz unterschiedliche Aufgaben zugrunde.[462]

- Die Normen enthalten keine spezifischen inhaltlichen Vorgaben. Unter Qualität versteht ISO 9000-1 „die Gesamtheit von Merkmalen (und Merkmalswerten) einer Einheit bezüglich ihrer Eignung, festgelegte und vorausgesetzte Erfordernisse zu erfüllen". Entscheidend für diesen Qualitätsbegriff ist seine Relativität. Er soll dem Kunden erlauben, seine Anforderungen an das Produkt selbst zu definieren. Auch Datenschutz- und Datensicherungsziele könnten in diesen weiten Qualitätsbegriff hinein definiert werden. Diese Begriffsausfüllung würde aber vom Normanwender vorgenommen und sich von Unternehmen zu Unternehmen unterscheiden. Aufgrund der Vagheit der Normanforderungen wäre allenfalls eine „sinngemäße" Anwendung der Norm möglich.[463] Weder die Zielerreichung noch die Vergleichbarkeit der Ergebnisse wäre dadurch gewährleistet.[464]

- Die Normen sehen keine Verpflichtung auf die Einhaltung der datenschutzrechtlichen Anforderungen vor.[465] Ob und in welchem Umfang diese zum Maßstab der Prüfung gemacht werden, ist dem zu Prüfenden überlassen. Das Ziel einer Verringerung des Vollzugsdefizits[466] könnte durch eine Anwendung der ISO-Norm nicht erreicht werden.[467]

- Die kontinuierliche Verbesserung des Datenschutzmanagements ist keine explizite Zielsetzung der Normen.[468] Eine

---

rer, NVwZ 1993, 16; Feldhaus, UPR 1998, 41.

[462] So Schottelius, BB 1997, Beilage 2, 6; Schottelius, NVwZ 1998, 808 für den Vergleich zwischen ISO 9.000 und dem Umweltschutzaudit.

[463] Wilhelm, DuD 1995, 334.

[464] S. hierzu auch den Vergleich zwischen unterschiedlichen „Seal Programs" in USA in Center for Democracy and Technology 1999, 11 ff.; Gellman 1996, 143; ebenfalls kritisch für das Umweltschutzaudit Hamschmidt 1995, 16; Jasch 1995, 46.

[465] So auch für das Verhältnis ISO 14.001 zur UAVO Dyllick/Hummel, UWF 3/1995, 25.

[466] S. Kap. 1.1.2.

[467] Nach Friedel/Wiegand 1998, 41, kann man „faktisch alle Kriterien von ISO 9000 ff. erfüllen, ohne ein funktionierendes – da gelebtes – Qualitätsmanagementsystem zu besitzen".

[468] Eine gewisse Dynamik kann durch das Qualitätsmanagement entstehen, wenn sich in seiner praktischen Umsetzung herausstellt, dass dieses fehlerhaft, unvollständig oder umständlich ist. Außerdem müssen Änderungen

Erhöhung der Wettbewerbsfähigkeit durch ständige Verbesserungen der Produktqualität dürfte zwar ein wesentliches Motiv für die Einführung eines Qualitätsmanagementsystems sein.[469] Doch muss sich das Unternehmen nach ISO 9.001 keine Verbesserungsziele setzen, deren Einhaltung überprüfen und sein System ständig der veränderten Anforderungen anpassen. Die Schwerpunkte der Norm liegen vielmehr in den Bereichen Prüfen, Dokumentieren und Fehlerbehebung, nicht in der präventiven fehlervermeidenden Qualitätssicherung.[470] Im Gegenteil bergen die bürokratischen Anforderungen an die Dokumentation die Gefahr, nach der Etablierung des Qualitätsmanagementsystems dynamische Veränderungsprozesse zu verhindern. Der Zwang zur schriftlichen Fixierung jeglicher Prozessänderung kann die flexible Anpassung an veränderte Bedingungen erschweren.[471]

- Zur Beurteilung von Qualitätsmanagementsystemen wird die Durchführung von internen Audits und Folgeaudits vorgesehen, die zu dokumentieren sind. Diese Audits sind von Personal vorzunehmen, das unabhängig von demjenigen ist, das direkte Verantwortung für die zu auditierende Tätigkeit hat.[472] Eine verbindliche Überprüfung durch einen externen Gutachter ist möglich, aber nicht vorgesehen.[473] Auch sind bestimmte Audit-Intervalle nicht vorgeschrieben, sondern werden vom Unternehmen selbst gewählt.[474] Nach bestandenem Audit kann das Unternehmen in eigener Verantwortung die Konformität mit den ISO-Normen erklären.[475] Das

---

des Leistungsspektrums berücksichtigt werden. Insofern führen die beiden Qualitätsmanagement-Elemente „Internes Audit" und „Korrekturmaßnahmen" zu Korrekturen des Qualitätsmanagementsystems. Diese Korrekturen dienen aber in erster Linie dem Ziel, das gleiche Qualitätsniveau zu erreichen oder zu halten und neuen Umständen anzupassen, nicht aber das Niveau kontinuierlich zu steigern – s. hierzu auch Wilhelm, DuD 1995, 332.

[469] S. z.B. Hamschmidt 1995, 7.

[470] S. z.B. Hamschmidt 1995, 17.

[471] S. z.B. Schottelius, NVwZ 1998, 808; Hamschmidt 1995, 16; positiver die Zusammenfassung in Friedel/Wiegand 1998, 41.

[472] ISO 9001, Kap. 4.17; nach ISO 9.000-1 ist es aber auch nicht ausgeschlossen, dass die Organisation ein Audit vom Kunden (second party audit) oder einer unabhängigen Institution vornehmen lässt (third party audit).

[473] Dies gilt sogar für die Norm ISO 14.001- s. hierzu Dyllick 1994, 34; Dyllick/Hummel, UWF 3/1995, 25; Feldhaus, UPR 1998, 41; Friedel/Wiegand 1998, 34.

[474] So sogar für ISO 14.001 – s. Feldhaus, UPR 1998, 43.

[475] Nach einem Audit durch eine Zertifizierungsstelle, die nach ISO 45.000ff.

Glaubwürdigkeitsdefizit unternehmenseigener Datenschutzprüfungen würde durch eine Auditierung nach ISO 9.001 also nicht beseitigt.

- In den ISO-Normen sind keine Regelungen zum Dialog mit
  der Öffentlichkeit enthalten. Sie ist auf das Kundenverhältnis
  bezogen und daher auf die Darlegung der Qualitätsprüfung
  gegenüber dem Auftraggeber beschränkt. Bei Datenschutz
  hat aber auch die Öffentlichkeit als Sachwalter des Allge-
  meininteresses ein Interesse und ein Recht auf Information.[476] Die ISO-Normen sehen jedoch keine Veröffentlichung
  einer Datenschutzerklärung,[477] keine Registrierung und keine gesicherte Möglichkeit vor, mit den Auditergebnissen zu
  werben.[478]

Eine rechtliche Rahmensetzung, um die Ziele des Datenschutzaudits in einer rechtlich gesicherten Weise zu erreichen, erscheint daher unumgänglich.

4.3 Datenschutzaudit auf rechtlicher Grundlage?

Nahezu alle, die sich zu dem Thema äußern, gehen von einer
gesetzlichen Regelung des Datenschutzaudits aus.[479] Auch diejenigen, die Erfahrungen mit der Zertifizierung von Qualitätssiche-
rungssystemen haben, befürworten eine Regulierung des Datenschutzaudits durch Gesetz.[480] Allgemein setzt sich die Erkenntnis
durch, dass Selbstregulierung nur innerhalb eines gesetzlich vor-

---

akkreditiert ist, kann es sich auch von dieser ein Zertifikat ausstellen lassen.
Dies wird jedoch von ISO 9.001 nicht gefordert.

[476] S. hierzu Liesegang, UWF 3/1995, 4, für das Umweltschutzaudit.

[477] So auch für das Verhältnis ISO 14.001 zur UAVO Dyllick 1994, 34; Dyl-
lick/Hummel, UWF 3/1995, 25; Schottelius, NVwZ 1998, 808.

[478] S. hierzu auch Kap. 4.3.1.

[479] S. provet 1996, Begründung zu § 11 Multimedia-Datenschutz-Gesetz; ebenso
Begründung zu § 17 MDStV; Engel-Flechsig, RDV 1997, 66; Bundesrat, BT-
Drs. 13/7385, 57; SPD-Bundestagsfraktion, BT-Drs. 13/7936, 5; Roßnagel,
DuD 1997, 505 ff.; Enquete-Kommission „Zukunft der Medien in Wirtschaft
und Gesellschaft - Deutschlands Weg in die Informationsgesellschaft", BT-
Drs. 13/11003, 24; Kloepfer 1998, 102.

[480] S. z.B. Arbeitskreis „Datenschutzbeauftragte" im Verband der Metallindustrie
Baden-Württemberg (VMI), DuD 1999, 281 ff.; Königshofen, DuD 1999, 266
ff.; für eine gesetzliche Grundlage in Kanada auch Task Force on Electronic
Commerce 1998, 19, für USA wurde mit dem Childrens' Online Privacy Protection Act 1998 und dem Entwurf eines Online Privacy Protection Act 1999
der gleiche Weg beschritten.

gegebenen Rahmens ein sinnvolles Instrument des Datenschutzes ist.[481]

4.3.1   Wettbewerbsrechtliche Absicherung

Den ISO-Normen fehlt eine (wettbewerbs-)rechtliche Absicherung der Verwendung des Ergebnisses in der Öffentlichkeit. Das Datenschutzaudit basiert nicht zuletzt auf der durch die Werbemöglichkeiten geschaffenen Anreizwirkung. Die Werbemöglichkeit setzt aber die Vertrauenswürdigkeit der vermittelten Information voraus. Bei einer Zertifizierung des Datenschutzmanagementsystems nach ISO 9.000 sind aber weder der Umfang noch die Kriterien noch das Verfahren der Prüfung festgelegt. Damit fehlt es an einer Vergleichbarkeit der Ergebnisse. Die Aussage, der Datenschutz im Unternehmen oder der Datenschutz eines Teledienstes sei „iso-zertifiziert", kann daher leicht irreführend wirken und damit gegen das Irreführungsverbot des § 3 UWG verstoßen.[482] Dies gilt auch dann, wenn die Werbung auf die Feststellung beschränkt ist, dass das Datenschutzmanagementsystem „iso-zertifiziert" sei. Das Problem wird verschärft, wenn die Werbung produktbezogen erfolgt, da die Prüfung nach ISO 9.000 sich – in welchem Umfang auch immer – allein auf das Qualitätsmanagementsystem beschränkt.

Die Werbemöglichkeiten sind ein wesentlicher Anreiz für die Unternehmen, sich an dem Datenschutzaudit zu beteiligen. Führen sie ein Datenschutzaudit nach ISO 9.000 durch und wollen danach mit dem Ergebnis werben, gehen sie ohne gesetzliche Regelung große rechtliche Risiken ein. Zwar gibt es hinsichtlich der Verwendung von ISO-Zertifikaten bisher noch keine Rechtsprechung. Doch wenn die Rechtsprechung zu umweltbezogenen Werbeaussagen auf den Datenschutz übertragen wird, müssen sie bei einer rechtlich nicht abgesicherten Werbung mit einem Verfahren, bei dem die Vergleichbarkeit der Ergebnisse nicht gesichert ist, mit kostenpflichtigen Abmahnungen rechnen. Der BGH hat für umweltbezogene Werbeaussagen zwar anerkannt, dass sie im Interesse des Umwelt- und Verbraucherschutzes liegen. Er hat aber Wert darauf gelegt, dass eine Irreführung in

---

[481]   S. z.B. Hoffmann-Riem, DuD 1998, 684 ff.; für den Umweltschutz z.B. Gilhuis nach Stuer/Rüde, DVBl 1998, 86.

[482]   S. zu diesem Problem hinsichtlich der Werbung mit einem ISO 9.000 Zertifikat für ein Umweltschutzmanagementsystem Kienle, NJW 1997, 3360f.

Form der „gefühlsausnutzenden Werbung" unterbleibt.[483] Jedenfalls bleibt die Möglichkeit zu werben, immer mit einer großen Unsicherheit behaftet, die die Bereitschaft zur Teilnahme am Datenschutzaudit stark gefährden kann. Diese Überlegungen gelten in verstärktem Maß für die Werbung mit einem unternehmensinternen Audit, weil für dieses keinerlei verbindliche und vergleichbare Vorgaben für die Prüfung des Managementsystems bestehen.

Bestimmungen über die Werbemöglichkeiten oder gar das Verbot einer allgemeinen produktbezogenen oder vergleichenden Werbung enthält die ISO-Norm nicht. Diese wären mangels Rechtsqualität der Norm auch nicht durchsetzbar. Daher ist es erforderlich, dass ein Gesetz sowohl nicht gewünschte Werbeformen verbindlich ausschließt als auch die zulässigen Werbemöglichkeiten mit dem Datenschutzaudit regelt[484] und auf eine sichere Rechtsgrundlage stellt.[485]

4.3.2   Verbindliche Kriterien und vergleichbare Ergebnisse

Für den Wettbewerb und den Verbraucherschutz ist ein wesentliches Problem die „Vielzahl von Kennzeichnungen und die damit einhergehende Intransparenz".[486] Insbesondere in weltweiten Datennetzen ist die Kontrolle der Marktteilnehmer über die Kennzeichen und die Institutionen, die sie vergeben, eher schwach ausgeprägt. Allerdings bestehen nur begrenzte Möglichkeiten, die Kennzeichenflut einzudämmen. Doch zeigt sich, dass „starke" Kennzeichnungen – wie etwa der „Blaue Engel" – von den Verbrauchern und den Anbietern als Orientierungshilfe angenommen werden. Wesentliche Voraussetzungen für die Akzeptanz sind allerdings die Unabhängigkeit der vergebenden Institution, die Transparenz der Kriterien und des Verfahrens sowie die Vergleichbarkeit der Ergebnisse.[487]

---

[483] S. BGH, NJW 1996, 1135; s. hierzu ausführlich Baumbach/Hefermehl 1995, § 1 UWG, Rn. 179 ff.

[484] S. hierzu für das Umweltschutzaudit Art. 16 UAVO, § 31 UAG und § 168 UGB-E.

[485] So für das Umweltschutzaudit nach ISO 9.000 auch Kienle, NJW 1997, 3360f.

[486] Enquete-Kommission „Zukunft der Medien in Wirtschaft und Gesellschaft - Deutschlands Weg in die Informationsgesellschaft", BT-Drs. 13/11003, 24; s. für die USA z.B. Center for Democracy and Technology 1999; Rotenberg 1999; Gellman 1996, 143.

[487] Enquete-Kommission „Zukunft der Medien in Wirtschaft und Gesellschaft -

Daraus zieht die Enquete-Kommission „Zukunft der Medien in Wirtschaft und Gesellschaft" den Schluss: „Problematisch aus Verbrauchersicht kann sein, dass bei Audits vielfach keine genau definierten Standards eingehalten werden müssen, es vielmehr um eine Beurteilung von Unternehmensabläufen sowie eine möglichst kontinuierliche Verbesserung der – nicht spezifizierten – Ausgangssituation geht. Um die Zuverlässigkeit und Glaubwürdigkeit der Verbraucherinformation zu gewährleisten, ist daher auf verbindliche, gegebenenfalls gesetzliche Rahmenregelung zu dringen, die angemessene Kriterien im Hinblick auf wesentliche Eckpunkte wie Vorgaben zu inhaltlichen Mindeststandards ... festlegen."[488]

Soll das Datenschutzaudit ein „starkes" Merkmal im Wettbewerb sein, muss es sich durch hohe Transparenz der Kriterien und Verfahren sowie durch besondere Vertrauenswürdigkeit und Vergleichbarkeit der Ergebnisse auszeichnen. Dies ist nur dann möglich, wenn diese Anforderungen verbindlich geregelt sind und die Verbraucher sich auf ihre Einhaltung in jedem Fall verlassen können. Im Bereich des Umweltschutzes wurde dies dadurch erreicht, dass für die freiwillige Zertifizierung von Umweltschutzqualitäten ein gesetzlicher Rahmen geschaffen wurde, der die Teilnahmeberechtigung, das Prüfverfahren, die zugelassenen Prüfer, die Prüfgegenstände, die Prüfkriterien, das Prüfergebnis und dessen Verwendung als Mittel der Werbung und des Wettbewerbs geregelt hat. Dadurch hebt sich das gesetzlich anerkannte Verfahren von unternehmenseigenen, verbandsspezifischen und auch von den Verfahren nach ISO 9000 – oder für den Umweltschutz ISO 14.000 – ab.

4.3.3 Zulassung und Beaufsichtigung der Datenschutzgutachter

Die Vertrauenswürdigkeit des Datenschutzaudits hängt entscheidend von der Vertrauenswürdigkeit der Datenschutzgutachter ab.[489] Die Befugnis zur Verwendung des Datenschutzzeichens und damit die Erlangung der mit dem Zeichen verbundenen Vorteile für die datenverarbeitenden Stellen beruht auf der Feststellung des Gutachters, dass die Angaben in der Datenschutzerklärung korrekt sind. Diese Prüfung des Gutachters ist mit großen

---

Deutschlands Weg in die Informationsgesellschaft", BT-Drs. 13/11003, 24.

488   Enquete-Kommission „Zukunft der Medien in Wirtschaft und Gesellschaft - Deutschlands Weg in die Informationsgesellschaft", BT-Drs. 13/11003, 24.

489   S. Kap. 3.8.

Beurteilungsspielräumen versehen, die um so größer sind, je weniger detailliert die Bewertungskriterien festgelegt und je stärker sie der Selbstverantwortung der datenverarbeitenden Stellen überlassen werden. Die Bonität des Datenschutzaudits wird daher entscheidend davon abhängen, dass ein zuverlässiges System für die Zulassung von Datenschutzgutachtern wirksam und von allen Beteiligten akzeptiert wird.[490]

Die Vertrauenswürdigkeit des gesamten Verfahrens setzt voraus, dass die Datenschutzgutachter ausreichende Fach- und Sachkunde, vollständige Unabhängigkeit von den Auftraggebern und hinreichende Zuverlässigkeit nachweisen. Würden die Datenschutzgutachter unterschiedlichen Qualifikations- und Integritätsanforderungen unterliegen, wäre die Zielsetzung des Datenschutzaudits gefährdet, weil die Prüfergebnisse nicht mehr vergleichbar wären.[491] Dies würde zu Wettbewerbsverzerrungen führen, die ein Datenschutzaudit ja gerade ausgleichen soll.

Daher fordert die mit dem Datenschutzaudit verfolgte Zielsetzung, sachgemäße Anforderungen an die Datenschutzgutachter zu formulieren und diese einem Zulassungsverfahren zu unterwerfen, in dem die Erfüllung der Anforderungen geprüft wird. Für die amtliche Begründung zum UAG kommt den Regelungen zur Zulassung von Gutachtern und die Aufsicht über diese eine „Schlüsselfunktion" zu.[492] „Um die Zuverlässigkeit und Glaubwürdigkeit der Verbraucherinformation zu gewährleisten", fordert daher auch die Enquete-Kommission „Zukunft der Medien in Wirtschaft und Gesellschaft" eine „verbindliche, gegebenenfalls gesetzliche Rahmenregelungen, die ... die Qualifikation der Prüfer, die Art und Weise der Prüfung und mögliche Sanktionen festlegen."[493]

4.3.4 Registrierung der Teilnahme

Erhebliche Bedeutung für die Glaubwürdigkeit des Datenschutzaudits kommt auch der Registrierung geprüfter Datenschutzmanagementsysteme zu. Hierfür muss verbindlich geklärt sein, wer für die Registrierung zuständig ist, wie die Registrierungsstelle

---

[490]   Amtliche Begründung zum UAG BT-Drs. 13/1192, 18.

[491]   So für das Umweltschutzaudit Hamschmidt 1995, 35.

[492]   Amtliche Begründung zum UAG, BT-Drs. 13/1192, 18.

[493]   Enquete-Kommission „Zukunft der Medien in Wirtschaft und Gesellschaft - Deutschlands Weg in die Informationsgesellschaft", BT-Drs. 13/11003, 24.

mit den Aufsichtsbehörden und Datenschutzbeauftragten zusammenarbeitet, unter welchen Voraussetzungen eine Registrierung abgelehnt, widerrufen oder vorübergehend außer Kraft gesetzt werden kann.[494]

4.3.5 Kompatibilität mit genormten Verfahren

Das Datenschutzaudit und die bereits eingeführten Qualitätsmanagementprüfungen müssen nicht in Konkurrenz stehen. Vielmehr könnte die Regelung des Datenschutzaudits vorsehen, dass sie sich gegenseitig ergänzen. Unterlagen und Prüfungen nach dem einen Verfahren könnten für das andere Berücksichtigung oder Anerkennung finden. Doppelarbeit könnte so vermieden werden.

Dieser Gedanke wurde für das Umweltschutzaudit bereits realisiert. Nach Art. 12 UAVO kann die Europäische Kommission einzelstaatliche, europäische oder internationale Normen für Umweltmanagementsysteme und Betriebsprüfungen als ganz oder in Teilen konform mit den Anforderungen der UAVO anerkennen.[495] In diesem Fall erfüllen die Unternehmen, die sich nach diesen Normen zertifizieren lassen, zugleich die Anforderungen des Umweltschutzaudits. Sie ersparen sich doppelten Aufwand und können sowohl das Zertifikat nach der Norm als auch die Teilnahmeerklärung und das Umweltschutzzeichen des Umweltschutzaudits verwenden.

Mit Entscheidung vom 16. 4. 1997 hat die Europäische Kommission die internationale Norm ISO 14.001 für ein Umweltschutzmanagementsystem anerkannt.[496] Damit können seitdem Teile einer Zertifizierung nach dieser Norm für die Validierung im Rahmen des Umweltschutzaudits nach der UAVO übernommen werden. Umgekehrt kann jeder, der das Umweltschutzaudit besteht, auch ein Zertifikat nach ISO 14.001 erhalten.

Nach dem Entwurf der Europäischen Kommission für eine Revision der UAVO wird sogar vorgesehen, dass das entscheidende Kapitel 4 der Norm ISO 14.001 als Anhang I A in die UAVO inkorporiert wird und zukünftig den Aufbau und die Prüfung des Umweltschutzmanagementsystems bestimmt.

---

[494] S. hierzu auch Amtliche Begründung zum UAG BT-Drs. 13/1192, 18.

[495] S. hierzu auch Lütkes, NVwZ 1996, 233.

[496] EG-ABl. Nr. L 104/37 vom 22.4.1997.

Für das Datenschutzaudit ist eine funktionsäquivalente Norm eines Normungsgremiums nicht vorhanden. Dies hat den Vorteil für den Gesetzgeber, dass er sein Konzept eines Datenschutzaudits ohne Rücksichtnahme auf die Kompatibilität zu einer Datenschutzmanagementnorm regeln kann. Spätere Normen zu einem Datenschutzmanagementsystem müssten sich umgekehrt an dem gesetzlichen Datenschutzaudit orientieren und die Kompatibilität ihres Systems zu dem gesetzlichen Audit sicherstellen. Ein Datenschutzauditgesetz würde den Normungsgremien die Herstellung einer solchen Kompatibilität erleichtern, wenn es sich an dem Vorbild orientiert, das auch die Normungsgremien zum Vorbild nehmen dürften: die Umweltmanagementnorm ISO 14.001.

4.4   Verfassungsrechtliche Anforderungen

Die notwendige Vertrauenswürdigkeit eines Datenschutzaudits ist nur durch eine rechtliche Regelung zu erreichen, die die Teilnahmeberechtigung, das Prüfverfahren, die zugelassenen Prüfer, die Prüfgegenstände, die Prüfkriterien, das Prüfergebnis und dessen Verwendung als Mittel der Werbung und des Wettbewerbs regelt. Zu beantworten bleiben die Fragen, in welcher Form und durch wen diese Regelung zu erlassen ist.

4.4.1   Regelung durch Gesetz

Die Zulassung von Datenschutzgutachtern und Gutachterorganisationen und die Aufsicht über gutachterliche Tätigkeit sind Eingriffe in die Berufsfreiheit nach Art. 12 Abs. 1 GG und bedürfen daher einer gesetzlichen Regelung.[497] Diese Regelungen konturieren das durch das Datenschutzauditgesetz neu zu schaffende Berufsbild des Datenschutzgutachters und berühren damit den Kernbereich der in Art. 12 GG geschützten Berufsfreiheit. Die Zulassung öffnet den betreffenden Gutachtern und Organisationen einen Dienstleistungsmarkt und verschafft ihnen erheblich bessere Erwerbschancen gegenüber anderen, nicht zugelassenen Gutachtern. Mehr noch als bei der allgemeinen Anerkennung bestimmter Qualifikationen wird der Markt der externen Prüfungen

---

[497]   S. provet 1996, Begründung zu § 11 Multimedia-Datenschutz-Gesetz; ebenso Begründung zu § 17 MDStV; Engel-Flechsig, RDV 1997, 66. Für das Umwelt-Audit s. Amtliche Begründung zum UAG, BT-Drs. 13/1192, 18 sowie z.B. Kothe 1996, 128; Sellner/Schnutenhaus, NVwZ 1993, 932; Lübbe-Wolff, DVBl 1994, 367; Köck, JZ 1995, 649; Schnutenhaus, ZUR 1995, 11; Waskow 1997, 106 ff.; Schnutenhaus, ZUR 1995, 11; Rhein 1996, 126 ff.; Schmidt-Preuß 1997a, 1172f.; Lechelt 1998, 22.

und Bestätigungen des Datenschutzaudits exklusiv den zugelassenen Gutachtern vorbehalten. Für die Zulassung von Datenschutzgutachtern muss daher erst recht gelten, was das BVerfG für die öffentliche Bestellung von Sachverständigen nach § 36 GewO festgestellt hat: „Schafft der Gesetzgeber die staatliche Anerkennung einer beruflichen Qualifikation und damit Vorteile im beruflichen Wettbewerb, so wirkt sich die Verweigerung dieser Anerkennung als Eingriff in die Berufsfreiheit aus. Als Freiheitsbeschränkung kommen nicht allein Gebote und Verbote in Betracht; es genügt, dass durch staatliche Maßnahmen der Wettbewerb beeinflusst und die Ausübung einer beruflichen Tätigkeit dadurch behindert wird."[498] Mit der Zulassung werden einem Gutachter „diejenigen Eigenschaften bestätigt, die für seinen beruflichen Erfolg entscheidend sind. ... Daraus ergibt sich ein erheblicher Wettbewerbsvorsprung gegenüber denjenigen Sachverständigen, die auf keine staatliche Anerkennung ihrer Kompetenz verweisen können."[499] Die Zulassung greift daher in das Grundrecht auf Berufsausübung der Gutachter ein.[500]

Die Verweigerung der Registrierung oder die Streichung aus dem Register, die jeweils mit einer Aberkennung des Datenschutzauditzeichens verbunden sind, können zu erheblichen Beeinträchtigungen des Wettbewerbsfähigkeit eines Unternehmens führen und damit über die Umsatz- und Gewinnchancen eines Herstellers entscheiden. Letztlich können sie sogar die Substanz eines Unternehmens beeinträchtigen.[501] Ihre Regelung ist daher als ein Eingriff in das Grundrecht auf freie Berufsausübung und in die Gewerbefreiheit der betroffenen Unternehmen anzusehen.[502]

---

[498] BVerfGE 86, 28 (37); 82, 209 (223f.).

[499] BVerfGE 86, 28 (37). S. z.B. zum berufsregelnden Charakter der Anerkennung der Gutachter bei Umweltschutzaudits auch Amtliche Begründung zum UAG, BT-Drs. 13/1192, 18; Rhein 1996, 128f.; Kothe 1996, 128, 143.

[500] Der Eingriff bezieht sich nicht auf die Berufswahl, sondern auf die Berufsausübung, weil Datenschutzgutachter sich von nicht zugelassenen Gutachtern nicht durch die Zugehörigkeit zu einem eigenständigen Beruf, sondern nur durch die Anerkennung einer bestimmten Qualifikation und die Zulassung zu einer bestimmten Tätigkeit unterscheiden - s. BVerfGE 86, 28 (38).

[501] So für das Umweltschutzaudit die Amtliche Begründung zum UAG BT-Drs. 13/1192, 18; Rhein 1996, 127f.

[502] Ebenso Amtliche Begründung zum UAG BT-Drs. 13/1192, 18; UGB-E 1998, 754. Sofern man den eingerichteten und ausgeübten Gewerbebetrieb als grundrechtlich geschützt ansieht, liegt auch ein Eingriff in Art. 14 GG vor, der nach Art. 14 Abs. 1 GG einer gesetzlichen Regelung bedarf – s. hierzu die Amtliche Begründung zum UAG BT-Drs. 13/1192, 18, die insofern auf BGH, NJW 1980, 2457 und Jarass /Pieroth 1997, Art. 14, Rn. 8, verweist.

Diese Maßnahmen bedürfen der gesetzlichen Regelung.[503] Manche sehen sogar bereits im motivationalen Druck, der gemeinwohlförderliche Beiträge der Unternehmen induzieren soll, einen Eingriff in die Berufsfreiheit. Dieser ergebe sich durch die Erwirkung unternehmerischen Verhaltens infolge der objektiv-finalen Logik des Audits. Die Freiwilligkeit der Teilnahme stehe dem nicht entgegen.[504] Diese Sichtweise ergäbe einen weiteren verfassungsrechtlichen Grund, den auch nach dieser Meinung zulässigen verhältnismäßigen Eingriff in die Berufsausübungsfreiheit durch Vorgaben zum Datenschutzaudit gesetzlich zu regeln.

Die Regelung der Werbemöglichkeiten und das Verbot der Produktwerbung greift in die Berufsfreiheit der Unternehmen ein. Sie ist zulässig, wenn vernünftige Erwägungen des Allgemeinwohls dies rechtfertigen, bedarf aber immer einer gesetzlichen Regelung.[505]

4.4.2   Gesetzgebungskompetenz

Wie für die allgemeinen Regelungen zum Datenschutz ergibt sich die Gesetzgebungskompetenz für ein Datenschutzaudit aus dem Regelungszusammenhang.[506] Da der Adressatenkreis der Regelung vor allem datenverarbeitende Stellen aus der Wirtschaft und die Gutachter sind und Regelungszweck neben der Zulassung von Gutachtern die Transparenz des Wettbewerbs und der Verbraucherschutz ist, kann der Bund sich für ein Datenschutzauditgesetz auf seine konkurrierende Kompetenz für das Recht der Wirtschaft nach Art. 74 Abs. 1 Nr. 11 GG berufen.[507]

Nach Art. 72 Abs. 2 GG darf der Bund von seinem Recht zur konkurrierenden Gesetzgebung Gebrauch machen, wenn und soweit die Herstellung gleichwertiger Lebensverhältnisse im Bundesgebiet oder die Wahrung der Rechts- oder Wirtschaftseinheit im gesamtstaatlichen Interesse eine bundesgesetzliche Rege-

---

[503] So für das Umweltschutzaudit die Amtliche Begründung zum UAG BT-Drs. 13/1192, 18; s. auch z.B. Köck, JZ 1995, 649; Schnutenhaus, ZUR 1995, 11; Lechelt 1998, 22f.

[504] S. z.B. Hoffmann-Riem 1996, 314; Schmidt-Preuß 1997a, 1169; Schmidt-Preuß 1997b, 190.

[505] S. z.B. BVerfGE 9, 213 (221); 60, 215 ff.; s. auch Baumbach/Hefermehl, Allgemeine Grundlagen, Rn. 56.

[506] S. hierzu ausführlich Simitis 1992, § 1 BDSG, Rn. 63 ff.

[507] Auch die Sachverständigenkommission zum Umweltgesetzbuch geht für das Umweltschutzaudit von einer Gesetzgebungskompetenz des Bundes nach Art. 74 Abs. 1 Nr. 11 GG aus – s. UGB-E 1998, 754.

lung erforderlich macht. Zwar haben die Länder in § 17 MDStV ein Datenschutzaudit vorgesehen. Aktivitäten zur Umsetzung eines Datenschutzaudits durch die Länder sind nicht zu erkennen. Auch wäre es wenig hilfreich, wenn einzelne Länder das zur Umsetzung des Datenschutzaudits erforderliche Gesetz – eventuell unterschiedlich – erlassen würden. Aber auch koordiniert durch einen Staatsvertrag sind derzeit keine Schritte zu dem von § 17 MDStV vorgesehenen Gesetz geplant. Auf diese Weise könnte auch nur für Mediendienste, nicht aber für Teledienste und andere wirtschaftliche Anwendungen ein Datenschutzaudit eingeführt werden. Der grenzüberschreitende Wettbewerb datenverarbeitender Stellen, die grenzüberschreitende Nachfrage nach Anwendungen und das Erfordernis eines ebenso weiten Schutzes des informationellen Selbstbestimmungsrechts sowie die bundesweite Tätigkeit von Datenschutzgutachtern machen bundeseinheitliche Rahmenbedingungen unabdingbar.[508] Die Regelung durch Bundesgesetz ist deshalb zur Wahrung der Rechts- und Wirtschaftseinheit im gesamtstaatlichen Interesse erforderlich.[509]

Sofern im Datenschutzauditgesetz den Industrie- und Handelskammern neue Aufgaben und Befugnisse übertragen werden, sofern eine Verordnungsermächtigung für die Regelungen des Registrierungsverfahrens bei Industrie- und Handelskammern, neue Aufsichtsaufgaben für die Landesaufsichtsbehörden über die Industrie- und Handelskammern und für die Landesdatenschutzbeauftragten neue Aufgaben geregelt werden, ist das Gesetz nach Art. 84 Abs. 1 GG im *Bundesrat* zustimmungspflichtig. Art. 84 Abs. 1 GG schützt die Organisationshoheit der Länder,[510] begründen aber nur im Ausnahmefall das Erfordernis einer Zustimmung des Bundesrats, um die parlamentarische Demokratie des Bundes nicht zu gefährden. Ein Zustimmungserfordernis besteht dann, wenn die Bundesgesetze die „Einrichtung der Landesbehörden ... regeln". Zur „Einrichtung von Behörden" im Sinn des Art. 84 Abs. 1 GG rechnet das Bundesverfassungsgericht nicht nur Festlegungen zur Errichtung von Behörden. Zu ihr gehört „auch die Festlegung ihres näheren Aufgabenkreises", zumindest dann, wenn der Aufgabenkreis einer Behörde qualitativ

---

[508] Auch die Enquete-Kommission „Zukunft der Medien in Wirtschaft und Gesellschaft - Deutschlands Weg in die Informationsgesellschaft", BT-Drs. 13/11002, 104, fordert, „ein Datenschutzaudit auch im Bundesrecht vorzusehen".

[509] So auch die amtliche Begründung für das IuKDG, BR-Drs. 966/96, 19.

[510] S. BVerfGE 48, 127 (179); 55, 274 (319).

erweitert wird.[511] Neben der Einrichtung von Behörden begründen auch Vorschriften über das Verwaltungsverfahren die Zustimmungspflicht des Art. 84 Abs. 1 GG. Solche „Vorschriften über das Verwaltungsverfahren sind gesetzliche Bestimmungen, die die Tätigkeit der Verwaltungsbehörden im Blick auf die Art und Weise der Ausführung des Gesetzes einschließlich ihrer Handlungsformen, die Form der behördlichen Willensbildung, die Art der Prüfung und Vorbereitung der Entscheidung, deren Zustandekommen und Durchsetzung sowie verwaltungsinterne Mitwirkungs- und Kontrollvorgänge in ihrem Ablauf regeln."[512] Die genannten Regelungen regeln entweder qualitativ neue Aufgaben für Landesbehörden oder das von diesen durchzuführende Verfahren. Somit ist das Gesetz zustimmungspflichtig.

4.4.3 Verwaltungskompetenz

Die Verwaltungskompetenz für die Zulassung und Beaufsichtigung der Datenschutzgutachter sowie die Registrierung der teilnehmenden Anbieter soll einer Bundesbehörde, entweder einer beliehenen privaten Organisation oder der Regulierungsbehörde für Telekommunikation und Post, zustehen. Nach Art. 87 Abs. 3 GG können für Angelegenheiten, für die dem Bund die Gesetzgebungskompetenz zusteht, selbständige Bundesoberbehörden durch Bundesgesetz errichtet werden. Dies gilt erst recht, wenn einer bereits bestehenden Bundesoberbehörde weitere Aufgaben übertragen werden.[513]

---

[511] BVerfGE 75, 108 (150f.); 77, 288 (299).

[512] BVerfGE 75,108 (152); 37, 363 (385, 390); 55, 274 (320f.).

[513] S. z.B. Jarass/Pieroth 1997, Art. 87 GG, Rn. 12.

5 Konzeption eines Gesetzes

Das Datenschutzaudit ist ein modernes Instrument der Kontextsteuerung, das versucht, sein Ziel einer kontinuierlichen Verbesserung des Datenschutzes und der Datensicherheit nicht durch Ge- und Verbote, sondern mit leichter Hand durch die freiwillige Selbstregulation der Wirtschaftseinheiten zu erreichen. Es zielt auf einen ausreichenden Datenschutz ohne Zwang. Die öffentlichen Regelungsziele sollen möglichst selbstvollziehend erreicht werden.[514] Zu diesem Zweck sucht das Datenschutzaudit, eine kontinuierliche Verbesserung des Datenschutzes durch gesteuerte Selbstregulierung zu erreichen.[515] Es mobilisiert legitimen Eigennutz, um dadurch Beiträge zur Verwirklichung von Gemeinwohlzielen hervorzubringen. Innerhalb normativer Rahmenbedingungen wird freiwilliges privates Verhalten induziert, das in Wahrnehmung grundrechtlicher Freiheiten durch Eigenverantwortung, Privatinitiative und Risikoübernahme zugleich auch dem Allgemeininteresse dient.[516] Aber erst die rechtliche Rahmensetzung schafft die Voraussetzungen für die Zielgerechtigkeit des Verfahrens und die Vergleichbarkeit der Kriterien und Ergebnisse.[517] Das Datenschutzaudit ist ein Instrument zur Erfüllung der Strukturverantwortung des Staates.[518] Dieser könnte er gerecht werden, ohne öffentliche Haushalte zu belasten.[519]

---

514 S. z.B. Schneider, Verwaltung 1995, 363.

515 Kritisch zu Konzepten unternehmerischer Selbststeuerung unter Marktbedingungen, die zur Anpassung an die jeweils aktuellen Marktbedingungen zwingen – Lübbe-Wolff, DVBl 1994, 372f.

516 S. hierzu für das Umweltschutzaudit auch Scherer, NVwZ 1993, 16; Schmidt-Preuß 1997a, 1158f; Schmidt-Preuß 1997b, 185 ff.

517 Zum Zusammenwirken von öffentlich-rechtlichen und privatrechtlichen Regelungsanteilen zu einer einheitlichen Regelungsstrategie s. Schneider, Verwaltung 1995, 363 ff.

518 S. hierzu näher Roßnagel, ZRP 1997, 26 ff.

519 Soweit öffentliche Aufgaben wie die Zulassung der Gutachter und die Registrierung der Teilnehmer nicht auf private Träger übertragen werden, können die dadurch entstehenden Kosten durch Gebühren voll abgedeckt werden.

Das Datenschutzaudit ist sehr voraussetzungsvoll. Seine Ziele wird es nur erreichen, wenn diese Voraussetzungen durch rechtliche Rahmensetzung gewährleistet werden. Erfolg wird das Datenschutzaudit nur haben, wenn die Zielsetzungen ehrgeizig und zugleich realitätsnah, die Gutachter fachkundig und zuverlässig sind und ein hoher Qualitätsstandard gewahrt wird. Entscheidend ist die Vertrauenswürdigkeit aller Elemente des Datenschutzaudits. Dies muss das Datenschutzauditgesetz gewährleisten.

5.1   Umsetzung der Programmnorm des § 9a BDSG-E

Ein Datenschutzauditgesetz muss die Programmnorm des § 9a BDSG-E beachten. Diese ermöglicht für sich genommen noch kein Datenschutzaudit, weil die Ausführungsregelungen erst noch durch ein Gesetz geregelt werden müssen. Mit ihr schließt der Gesetzgeber allerdings die Diskussion über das „Ob" eines Datenschutzaudits ab, setzt sich mit ihr selbst ein Ziel und deutet die Art und Weise seiner Erfüllung an. Damit setzt er rechtspolitisch ein Zeichen, an dem sich die interessierten Kreise orientieren können.

Für das eigentliche Datenschutzauditgesetz ist die Programmnorm rechtlich in keiner Weise bindend. Auch wenn sie dieses ankündigt, ist sie ihm nicht übergeordnet. Vielmehr ist ein Datenschutzauditgesetz ebenso wie die Programmnorm im rechtlichen Rang ein Bundesgesetz. Es ist ihr umgekehrt sogar aus zwei Gründen vorrangig: Es ist zum einen ein Spezialgesetz, das nach § 1 Abs. 4 Satz 1 BDSG den Regelungen des BDSG vorgeht. Zum anderen hat es allein schon nach den Lex-Posterior-Regel im Konfliktfall Vorrang vor dem älteren Gesetz. Die Andeutungen zur Ausgestaltung des Datenschutzaudits in § 9a BDSG-E sind somit in keiner Weise rechtlich bindend und können bei besserer Erkenntnis problemlos übergangen werden.

Allerdings stellt die Formulierung des § 9a BDSG-E einen Kompromiss zwischen den an seiner Entstehung beteiligten Interessen dar und entfaltet damit gewisse politische Bindungswirkungen. Daher sollte diese Grundlage nicht ohne Not verlassen werden. Bei richtiger Interpretation kann diese Vorschrift auch ein passender Anknüpfungspunkt für die Umsetzung des hier entworfenen Konzepts eines Datenschutzaudits sein. § 9a Satz 1 BDSG-E lautet:

> *„Zur Verbesserung des Datenschutzes und der Datensicherheit können Anbieter von Datenverarbeitungssystemen und*

-programmen und datenverarbeitende Stellen ihr Daten-
schutzkonzept sowie ihre technischen Einrichtungen durch
unabhängige und zugelassene Gutachter prüfen und bewer-
ten lassen sowie das Ergebnis der Prüfung veröffentlichen."

Die Vorschrift unterscheidet zwei Adressatengruppen und zwei
Gegenstandsbereiche. Die entscheidende Interpretationsleistung
besteht darin, beide einander zuzuordnen. Entscheidend ist der
Unterschied zwischen technischen Einrichtungen und Daten-
schutzkonzepten. Denn ihre Überprüfung fordert ganz unterschiedliche Konzepte der Auditierung: Für technische Einrichtungen ist ein Produktaudit und für Datenschutzkonzepte, die
von einem Datenschutzmanagement umzusetzen sind, ist ein
Systemaudit erforderlich.[520] Daher müssen zur Umsetzung der
Programmnorm des § 9a BDSG-E zwei unterschiedliche Wege
verfolgt werden: die Regelung eines Produktaudits und die Regelung eines Systemaudits.

Beiden Auditformen sind die unterschiedlichen Adressatengruppen zuzuordnen – wenn auch nicht ausschließlich, so doch
schwerpunktmäßig. Die Anbieter von Datenverarbeitungssystemen und –programmen bieten technische Einrichtungen an, die
in einem Produktaudit auf ihren Beitrag zur Verbesserung des
Datenschutzes überprüft werden können. Für datenverarbeitende
Stellen ist es zwar nicht ausgeschlossen, aber doch eher seltener,
dass sie technische Einrichtungen entwickeln, die sie auditieren
lassen wollen. Personenbezogene Daten werden dagegen von
den datenverarbeitenden Stellen verarbeitet, die für derer Erhebung, Verarbeitung und Nutzung ein Datenschutzkonzept erarbeiten, das in einem Systemaudit überprüft werden kann. Auch
die Anbieter von Datenverarbeitungssystemen und -programmen
können für ihre technischen Einrichtungen ein Datenschutzkonzept entworfen haben. Dieses ist aber in die technische Einrichtung eingegangen und nicht Gegenstand einer gesonderten Prüfung. Es wird im Produktaudit mit evaluiert.

Beide Formen des Audits sollten getrennt werden. Es macht wenig Sinn, wenn die vielen tausend Anwender eines Datenverar-
beitungssystems oder -programms dieses viel tausendfach auditieren lassen. Vielmehr sollte allein der jeweilige Anbieter für das
IT-System oder -Programm ein einziges Produktaudit durchführen. Die datenverarbeitenden Stellen sollten sich dagegen im
Rahmen ihres Systemaudits verpflichten, – soweit vorhanden –

---

[520]   S. hierzu ausführlich Kap. 3.2.1.

auditierte Datenverarbeitungssysteme und -programme in ihrer Datenverarbeitung einzusetzen. Das Systemaudit wiederum zielt auf eine Überprüfung und Bewertung des Datenschutzmanagements einer datenverarbeitenden Stelle und ist ungeeignet, verlässliche Aussagen über eine technische Einrichtung zu generieren. Das Produktaudit für Datenverarbeitungssysteme und -programme kann daher nicht durch ein Systemaudit ersetzt werden.

Aus dieser Interpretation der Programmnorm des § 9a BDSG-E ergibt sich folgende Regelungsstrategie: Die Anbieter von Datenverarbeitungssystemen und -programmen sollten die gesetzliche Möglichkeit erhalten, ihre technischen Einrichtungen durch unabhängige und zugelassene Gutachter prüfen und bewerten zu lassen sowie das Ergebnis der Prüfung zu veröffentlichen. Hierfür könnte eine eigene Stelle mit einem eigenen Verfahren geschaffen werden. Zu diesem Zweck könnte aber auch zum Beispiel das BSIG um den Aspekt des Datenschutzes erweitert werden. In § 4 BSIG ist bereits die Möglichkeit für eine Zertifizierung der Datensicherheit eröffnet. Für den Aspekt des Datenschutzes müssten allerdings in beiden Fällen konkrete Prüfkriterien erarbeitet werden. Zu diesem Zweck könnte in einem eigenen Gesetz oder in einer Novelle des BSIG eine Ermächtigung zum Erlaß eines Kriterienkatalogs vorgesehen werden. Diese könnte sich an § 16 Abs. 6 SigV orientieren.[521] Danach wäre in der Ermächtigung festzuhalten, dass eine spezifische Stelle oder das Bundesamt für Sicherheit in der Informationstechnik einen Katalog geeigneter Kriterien erstellt und fortführt, anhand derer die Gewährleistung von Datenschutz und Datensicherheit technischer Einrichtungen bewertet werden kann. An der Erstellung und Fortführung des Katalogs sind Experten aus Wirtschaft und Wissenschaft zu beteiligen. Die jeweils gültige Fassung wird im Bundesanzeiger veröffentlicht. Da die Prüfung und Bewertung sich unmittelbar auf ein konkretes Produkt bezieht, darf das Ergebnis für die Produktwerbung verwendet werden.

Datenverarbeitende Stellen sollten entsprechend § 9a BDSG-E die gesetzliche Möglichkeit erhalten, ihre Datenschutzkonzepte durch unabhängige und zugelassene Gutachter prüfen und bewerten zu lassen sowie das Ergebnis der Prüfung zu veröffentlichen. Da ein Datenschutzkonzept allein als Papierdokument wenig aussagekräftig ist, kann der Begriff des Datenschutzkonzepts zur Verbesserung von Datenschutz und Datensicherheit nur so

---

[521] S. zu dieser Vorschrift Roßnagel/Pordesch 1999, § 16 SigV, Rn. 111.

gemeint sein, dass er neben der programmatischen Formulierung des Konzepts auch seine organisatorische Ausprägung und seine Umsetzung durch konkrete Maßnahmen beinhaltet. In diesem Sinn entspricht das Datenschutzkonzept der Formulierung einer Datenschutzpolitik, ihrer Konkretisierung in einem Datenschutzprogramm und ihrer organisatorischen Umsetzung in einem Datenschutzmanagementsystem. Die Auditierung dieses Datenschutzkonzepts kann in der Form erfolgen, dass die datenverarbeitende Stelle eine interne Datenschutzprüfung durchführt, als deren Ergebnis sie eine Datenschutzerklärung erstellt und diese von einem unabhängigen und zugelassenen Datenschutzgutachter prüfen und bewerten lässt. Die hier entwickelte Konzeption eines Datenschutzaudits entspricht somit der Programmnorm des § 9a BDSG-E. Zu ihrer Umsetzung sollte ein Datenschutzauditgesetz erlassen werden, das die Voraussetzungen einer Auditierung des Datenschutzmanagementsystems der datenverarbeitenden Stelle regelt.

5.2   Vorbild für Europa

Durch die ausschließliche Etablierung eines Datenschutzaudits in der Bundesrepublik Deutschland wird von manchen befürchtet, dass innerhalb der Europäischen Gemeinschaft ein mögliches neues Wettbewerbshindernis entstehen könnte. Dies wäre vor allem dann zu erwarten, wenn das Datenschutzauditzeichen im Ausland nicht anerkannt wird. Ein Datenschutzauditgesetz als ein deutscher Alleingang innerhalb der Europäischen Gemeinschaft, so wird empfohlen, sollte deshalb möglichst vermieden werden.[522]

In einem internationalen Markt wie etwa dem der Multimediadienste müssen Lösungsansätze für Kennzeichnungen immer die „internationale Komponente im Auge behalten. Einbezogen werden sollten zumindest die wichtigsten Industriestaaten oder der EU-Raum."[523] Schließt dies aber nationale Vorbilder für internationale Entwicklungen aus? Das Beispiel des Signaturgesetzes lehrt das Gegenteil.

Zwar werden Multimediadienste auch auf einem globalen Markt angeboten und die Datenschutzprobleme stellen sich weltweit.

---

[522] S. Arbeitskreis „Datenschutzbeauftragte" im Verband der Metallindustrie Baden-Württemberg (VMI), DuD 1999, 281 ff.

[523] Enquete-Kommission „Zukunft der Medien in Wirtschaft und Gesellschaft - Deutschlands Weg in die Informationsgesellschaft", BT-Drs. 13/11003, 24.

Hierfür sind letztlich globale, zumindest aber europäische Regelungen notwendig. Solche stehen aber meist nicht am Anfang, sondern am Ende der Rechtsentwicklung. Mit der Rechtsetzung muss daher auf nationaler Ebene begonnen werden – wohl wissend, dass dies nicht ausreicht. Wer als erster sinnvolle gesetzliche Regelungen erlässt, verschafft seiner Volkswirtschaft Vorteile und setzt Maßstäbe – für europäische oder weltweite Regelungen. Ohne das Signaturgesetz gäbe es heute noch keine europäische Signaturrichtlinie.

Auch ist zu erwarten, dass die Europäische Gemeinschaft, wenn Deutschland ein Datenschutzaudit einführt, dies übernehmen und europaweit zu gleichen Bedingungen ermöglichen wird. In diesem Fall wäre es hilfreich, wenn das deutsche Datenschutzaudit dem zu erwartenden Konzept auf europäischer Ebene nahe kommt. Da auch die Europäische Kommission sich am eigenen Vorbild des europaweiten Umweltschutzaudits orientieren dürfte, werden sich die Konzepte des hier vorgeschlagenen und des europäischen Datenschutzaudits nicht sehr unterscheiden. In diesem Fall könnte das deutsche Auditsystem mit geringen Anpassungen schnell in das europäische System überführt werden.

5.3   Unvermeidbare Rahmenregelungen

Die Regelungen eines Datenschutzauditgesetzes sollten sich auf den verfassungsrechtlich notwendigen Umfang und die für die Glaubwürdigkeit und Praktikabilität des Datenschutzaudits notwendigen Funktionsbedingungen beschränken.

Mit einer schlichten Einführungsnorm ist es allerdings nicht getan. Eine Regelung wie in § 17 MDStV, in § 11c des Brandenburgischen Datenschutzgesetzes, in § 17 des Entwurfs der Bundestagsfraktion BÜNDNIS90/DIE GRÜNEN zu einem neuen Bundesdatenschutzgesetz oder wie in § 9a BDSG-E,[524] die nur die Möglichkeit eines Datenschutzaudits ankündigt und die notwendigen Ausführungsregelungen einem gesonderten Gesetz vorbehält, ist unzureichend. Andererseits sind nicht Regelungen in dem Umfang erforderlich, wie sie in der Europäischen Union und der Bundesrepublik Deutschland für das Umweltschutzaudit gewählt worden sind.[525] Dort wurde das Umweltschutzaudit insgesamt in 83 Paragraphen und mehreren Anhängen zur UAVO geregelt.

---

[524]   S. BT-Drs. 13/9082.

[525]   Ebenso der Evaluationsbericht zum IuKDG der Bundesregierung, BT-Drs. 14/1191,14.

Notwendig sind Regelungen, die Rahmenbedingungen für das Datenschutzaudit gegenüber den datenverarbeitenden Stellen festlegen. Sie müssen die Glaubwürdigkeit und Vergleichbarkeit des Datenschutzaudits durch Vorgaben zum Verfahren und zu den Kriterien gewährleisten.[526] Außerdem sind die Voraussetzungen der Registrierung und ihr Widerruf sowie die Verwendung des Datenschutzauditzeichens zu regeln.[527]

Mehr ist aber auch nicht notwendig. Nicht im Gesetz zu regeln, sind daher die Zulassung und die Aufsicht über die Datenschutzgutachter sowie verwaltungsinterne Regelungen wie die Beratung des aufsichtsführenden Ministeriums durch einen Ausschuss.[528] Es genügt, für beide Gegenstandsbereiche ausreichend konkrete Regelungsermächtigungen vorzusehen.[529]

Nicht im Gesetz geregelt werden müssen auch die Prüfungsmaßstäbe für das Datenschutzaudit. Der objektive Maßstab ergibt sich aus der selbstverständlichen Verpflichtung jeder datenverarbeitenden Stelle, die für ihre Anwendung geltenden Anforderungen des Datenschutzrechts einzuhalten. Der subjektive Maßstab ergibt sich aus der Selbstverpflichtung der datenverarbeitenden Stelle. Diese orientiert sich an ihrer individuellen Leistungsfähigkeit. Für den subjektiven Maßstab ist nur eine Rahmenregelung notwendig, die Zielerreichung und Vergleichbarkeit der Selbstverpflichtungen sicherstellt. Hierfür ist festzuhalten, dass die Selbstverpflichtung auf eine – zusätzlich zum objektiven Maßstab – kontinuierliche Verbesserung des Datenschutzes und der Datensicherheit sowie auf den Einsatz der besten verfügbaren und wirtschaftlich einsetzbaren technischen und organisatorischen Instrumente gerichtet sein muss. Die Ausgestaltung dieser abstrakten Anforderung ist jedoch individueller und – besser – branchenbezogener Selbstregulierung zu überlassen.

5.3.1 Verordnungsermächtigungen

Eine Verordnungsermächtigung ist notwendig, um die Details der Zulassung der Datenschutzgutachter und der Aufsicht über diese

---

[526] Ebenso der Evaluationsbericht zum IuKDG der Bundesregierung, BT-Drs. 14/1191,14.

[527] Der Gesetzentwurf des Verf. kommt einschließlich der Vorschriften zum Gesetzeszweck, zu den Begriffsbestimmungen, zur Evaluierung und zum Inkrafttreten mit neun Paragraphen aus.

[528] Die meisten Vorschriften UAG gelten der Regelung dieser Fragen.

[529] S. hierzu UGB-E 1988, 751, 754.

zu regeln.[530] Die Regelung über die Zulassung von Datenschutzgutachtern und die Aufsicht über diese unterfallen dem Gesetzesvorbehalt des Art. 12 Abs. 1 Satz 2 GG.[531] Sie sind zulässig, wenn sie durch Gesetz erfolgen und wenn „Gesichtspunkte der Zweckmäßigkeit"[532] sie verlangen, um Gefahren für die Allgemeinheit auszuschließen oder um den geregelten Berufsstand zu fördern.[533] Sie bedürfen in Grundzügen einer gesetzlichen Regelung.[534] Allerdings kann nicht davon ausgegangen werden, dass sämtliche Detailregungen, die für das Umweltschutzaudit im Zweiten Teil des Umweltauditgesetzes getroffen worden sind, vom Gesetzgeber auch für ein Datenschutzaudit erlassen werden müssen.[535] Denn Einzelheiten kann der Gesetzgeber einer Verordnung oder Satzung überlassen, er hat aber in jedem Fall „selbst zu entscheiden, ob und inwieweit Freiheitsrechte des Einzelnen gegenüber Gemeinschaftsinteressen zurücktreten müssen".[536] „Denn der Bürger muss aus dem Gesetz erkennen können, welche Schranken seiner Freiheit im einzelnen gezogen sind."[537] Der Gesetzgeber muss daher „zumindest die Auswahlkriterien und ein rechtsförmiges Auswahlverfahren vorsehen".[538]

Soll das Datenschutzauditgesetz nicht mit einer detaillierten Berufsordnung überfrachtet werden, würde es genügen, die Berufsregelungen für Datenschutzgutachter nur in Grundzügen im Gesetz zu regeln und für die Details eine Verordnungsermächtigung vorzusehen. Die gleiche Regelungsstruktur empfahl die Sachverständigenkommission zum Umweltgesetzbuch. Sie sah für diese Lösung keine durchgreifenden verfassungsrechtlichen Beden-

---

530   Diese Verordnung kann sich weitgehend an den Regelungen der §§ 3 ff. des UAG orientieren.

531   S. Kap. 4.4.1.

532   BVerfGE 7, 377 (406).

533   S. hierzu Pieroth/Schlink 1997, Rn. 920, 924 m.w.N.

534   So UBG-E 1998, 754 für das Umweltschutzaudit; ebenso Sellner/Schnutenhaus, NVwZ 1993, 932; Schnutenhaus, ZUR 1995, 11; Waskow 1997, 106 ff; zurückhaltend Ewer, NVwZ 1995, 459.

535   Das UAG enthält die mit Abstand ausführlichste und längste Umsetzungsregelung der UAVO in Europa – s. UGB-E 1998, 752.

536   BVerfGE 86, 28 (40).

537   BVerfGE 80, 257 (267).

538   BVerfGE 86, 28 (41) unter Verweis auf BVerfGE 73, 280 (295 ff.): „Solche Mindestanforderungen sind nicht einmal bei staatlich gebundenen Berufen entbehrlich."

ken.[539] Allerdings müsste das Berufsbild des Datenschutzgutachters sowie von Hilfspersonen, die aufgrund einer Fachkenntnisbescheinigung inhaltlich beschränkte gutachtliche Tätigkeiten durchführen, durch Regelungen zu den Anforderungen an die Zuverlässigkeit, Unabhängigkeit und Fachkunde sowie zum Prüfverfahren und zum Prüfumfang eingeführt und in seinen Grundzügen festgelegt werden Dies gilt auch für die Aufsicht über ihre Tätigkeiten. Darüber hinaus sollte die Verordnungsermächtigung weitere Konkretisierungen hinsichtlich der vorzusehenden Regelungen der Berufsausübung enthalten. Auch müsste die Tätigkeit von Datenschutzgutachtern aus anderen Mitgliedstaaten der Europäischen Union oder aus einem anderen Vertragsstaat des Abkommens über den Europäischen Wirtschaftsraum ermöglicht werden. Für die Regelung der weiteren Einzelheiten genügt auch eine Rechtsverordnung den Anforderungen des Art. 12 Abs. 1 Satz 1 GG.[540]

Weiterhin ist eine Verordnungsermächtigung notwendig, um die Einheitlichkeit der Registrierung der sicherzustellen. Die Registrierung berührt die Berufsausübung und Gewerbefreiheit der teilnehmenden Unternehmen.[541] Auch insoweit bedarf es einer Regelung durch den Gesetzgeber. Doch genügt es auch hier, die Grundzüge der Regelung im Gesetz zu treffen und die nähere Ausgestaltung einer Verordnung zu überlassen.

Drittens ist eine Verordnungsermächtigung notwendig, um bei der aufsichtsführenden Bundesbehörde die Beratungsgremien etablieren und deren Kompetenzen festlegen zu können.[542]

Schließlich ist viertens eine Verordnungsermächtigung notwendig, die eine Regelung zur Erhebung von Kosten für die Amtshandlungen bei der Zulassung und Beaufsichtigung der Datenschutzgutachter und bei der Registrierung der teilnehmenden Stellen ermöglicht.

5.3.2 Geltungsbereich

Ein künftiges Gesetz zum Datenschutzaudit gilt nur in der Bundesrepublik Deutschland. Auch wenn damit zu rechnen ist, dass

---

[539] S. UGB-E 1998, 754.

[540] S. UGB-E 1998, 754.

[541] S. Kap. 4.4.1.

[542] S. hierzu § 169 Abs. 3 UGB-E sowie UGB-E 1998, 758f; Lübbe-Wolff; NuR 1996, 220; Mayen, NVwZ 1997, 215.

die Europäische Gemeinschaft ein solches Konzept übernehmen und innerhalb der Europäischen Gemeinschaft anbieten wird,[543] bleibt das Problem des begrenzten rechtlichen Anwendungsbereichs. Da das Datenschutzaudit zum Beispiel sowohl ausländischen Anbietern, die in der Bundesrepublik Deutschland ihre Teledienste anbieten, als auch deutschen Anbietern, die ihre Anwendungen im Ausland anbieten oder teilweise im Ausland betreiben, offen stehen soll, stellt sich die Frage, wie grenzüberschreitende Anwendungen behandelt werden sollen. Wie kann sichergestellt werden, dass die Anforderungen des deutschen Datenschutzauditgesetzes eingehalten werden?

Die Teilnahme ausländischer Stellen ist sehr zu begrüßen. Sie darf allerdings nicht zu Wettbewerbsverzerrungen führen. Ein Rabatt für international erbrachte Anwendungen kann es nicht geben, da sonst das Vertrauen in das gesamte Verfahren gefährdet wird. Für das Datenschutzaudit muss daher der Grundsatz gelten, dass derjenige, der die Vorteile des Datenschutzaudits genießen will, auch seine Bedingungen voll erfüllen muss. Will er das Datenschutzmanagementsystem einer Anwendung auditieren lassen, so muss er alle Bestandteile des Managementsystems und alle Teile der internationalen oder weltweiten Anwendung in die Prüfung einbeziehen.[544] Dadurch soll ausgeschlossen werden, daß innerhalb einer Anwendung „kritische" Teilverfahren, die im Ausland betrieben werden, aus der Bewertung herausgenommen werden. Von ausländischen Teilnehmern kann nicht verlangt werden, daß sie in jeder Hinsicht die deutschen Vorschriften hinsichtlich Datenschutz und Datensicherheit erfüllen. Sie müssen sich aber in ihrer Datenschutzpolitik verpflichten und durch ihr Datenschutzmanagementsystem gewährleisten, daß in ihrer Anwendung materiell ein dem deutschen Recht vergleichbares Maß an Datenschutz und Datensicherheit sichergestellt ist. Die interne Datenschutzprüfung, die externe Überprüfung durch den Datenschutzgutachter und die Datenschutzerklärung müssen die gesamte von der verantwortlichen Stelle beherrschte Anwendung erfassen. Ausländische Stellen sollten sich somit am Datenschutzaudit beteiligen können, wenn sie ihre Anwendung den Anforderungen des Gesetzes unterwerfen und ein dem deutschen Datenschutzrecht vergleichbares Maß an Datenschutz und Datensicherheit gewährleisten.

---

543   S. hierzu Kap. 5.2.

544   Zu den Kriterien, die in diesem Fall anzuwenden sind, s. Kap. 3.4.1.

Ein anderes Problem ergibt sich durch Stellen, die personenbezogene Daten im Auftrag erheben, verarbeiten oder nutzen. Sie sind keine datenverarbeitenden Stellen und betreiben keine Anwendung, sondern üben oft für viele datenverarbeitende Stellen zugleich wichtige Hilfsfunktionen, oft sogar die eigentlichen Datenverarbeitungsfunktionen aus. Dennoch sollten sie am Datenschutzaudit teilnehmen können, wenn sie den Datenschutz und die Datensicherheit einer oder mehrerer Auftragsdienstleistungen verbessern wollen. Ihre Dienstleistungen sind Teil der Anwendung auftraggebender Stellen und müssen von diesen in ihr Datenschutzaudit einbezogen werden. Die eigenständige Teilnahme der auftragnehmenden Stelle spart Aufwand und Kosten, da deren bestätigte Datenschutzerklärung im Datenschutzaudit aller diese Dienstleistung nutzenden auftraggebenden Stellen verwendet werden kann. Diese können die Feststellungen der bestätigten Datenschutzerklärung der auftragnehmenden Stelle ihrer Datenschutzprüfung zugrunde legen und in ihre Datenschutzerklärung übernehmen. Der Datenschutzgutachter muss diese Feststellungen nicht noch einmal überprüfen.[545]

Für das Verfahren des Datenschutzaudits bietet sich an, die Vorschriften für datenverarbeitende Stellen sinngemäß anzuwenden. Die auftragnehmenden Stellen können eine oder mehrere Dienstleistungen auditieren und registrieren lassen. Da sie keine Anwendung verantwortlich betreiben und das Datenschutzaudit für ihre Dienstleistung nur einen Ausschnitt aus der Anwendung betrifft, könnte die Verwendung des Datenschutzauditzeichens in der Öffentlichkeit jedoch zu Mißverständnissen führen. Denn dieses zeigt an, dass der gesamte Prozeß der Erhebung, Verarbeitung und Nutzung personenbezogener Daten einer Anwendung unter einer risikoorientierten Sichtweise erfasst, verbessert und bewertet worden ist. Eine solche Prüfung der Anwendung kann bei den auftragnehmenden Stellen jedoch nicht durchgeführt werden. Daher können diese kein auf eine Anwendung bezogenes Auditzeichen führen. Diese Beschränkung ist für die auftragnehmenden Stellen allerdings kein wesentlicher Nachteil und schränkt ihre Werbemöglichkeiten nicht ein, da sie sich nicht an die allgemeine Öffentlichkeit, sondern an einen spezialisierten Adressatenkreis wenden. Sie können zum Nachweis ihrer Anstrengungen für Datenschutz und Datensicherheit die bestätigte Datenschutzerklärung verwenden. Für die auftraggebenden Stellen als ihre Kunden wird nicht das

---

[545] S. hierzu auch Kap. 3.3.1.

len als ihre Kunden wird nicht das Datenschutzauditzeichen als solches, sondern die aussagekräftigere Datenschutzerklärung von entscheidender Bedeutung sein.

5.3.3   Gesetz und Anhänge

Im eigentlichen Gesetz sollten nur die aus verfassungsrechtlichen Gründen notwendigen Regelungen für die Durchführung des Datenschutzaudits aufgenommen werden.

Entsprechend dem Vorbild der UAVO sollten die Detailregelungen zu den durchzuführenden Prüfungen, zum Aufbau und zur Unterhaltung eines Datenschutzmanagementsystems, zur Datenschutzerklärung sowie zum Datenschutzauditzeichen in Anhängen zum Gesetz aufgenommen werden. Die Regelungen der Anhänge sollten sich an dem Vorbild der Anhänge zur UAVO, zum Revisionsentwurf der Europäischen Kommission zur UAVO sowie den Internationalen Managementnormen ISO 14.001 und ISO 9.001 orientieren. In ihnen sind konkretisierende Vorgaben zur Eingangsprüfung, zum Datenschutz-Managementsystem, zur Datenschutzprüfung, zur Datenschutzerklärung und zum Datenschutzauditzeichen vorzusehen.

Die Orientierung des Datenschutzaudits an Internationalen Managementnormen erleichtert die Einbindung des Datenschutzmanagements in bereits bestehende Managementsysteme. Die Eingliederung von Themen des Datenschutzes und der Datensicherheit in das übergreifende Managementsystem kann zu einer wirkungsvollen Implementierung des Datenschutzmanagementsystems und zu einer klaren und effizienten Aufgabenverteilung beitragen. Allerdings sollten sich die Anforderungen der Anhänge auf das für ein Datenschutzmanagement notwendige Maß beschränken und gegenüber ISO 14.001 und ISO 9.001 vor allem den Dokumentationsaufwand reduzieren.

Eine europäische Regelung würde sich an dem bisher einzigen und erfolgreichen Beispiel eines geregelten Audits, dem Umweltschutzaudit nach der europäischen UAVO und dem Revisionsentwurf der Europäischen Kommission zur UAVO, orientieren und gesetzgebungstechnisch ebenfalls zwischen den eigentlichen Regelungen der Verordnung und konkretisierenden, eher technisch-organisatorisch ausgerichteten Vorgaben in den Anhängen unterscheiden.

Arbeitsgemeinschaft Selbständiger Unternehmer (ASU) e.V./Unternehmerinstitut (UNI) e.V. (1997): Öko-Audit in der mittelständischen Praxis. Evaluierung und Ansätze für eine Effizienzsteigerung von Umweltmanagementsystemen in der Praxis, UNI/ ASU-Umweltmanagementbefragung 1997, Bonn 1997.

Arbeitskreis „Datenschutzaudit Multimedia" (1999): Prinzipien und Leitlinien zum Datenschutzaudit bei Multimedia-Diensten, DuD 1999, 285.

Arbeitskreis „Datenschutzbeauftragte" im Verband der Metallindustrie Baden-Württemberg (VMI) (1999): Datenschutzaudit-Stellungnahme, DuD 1999, 281.

Bachmeier, R. (1996): Vorgaben für datenschutzgerechte Technik, DuD 1996, 672.

Bachmeier, R. (1996): Gateway: Datenschutzaudit, DuD 1996, 680.

Bartram, B. (1998): Ablauf, Kriterien und Tiefe der internen Umweltbetriebsprüfung, in: Ewer, W./Lechelt, R./Theuer, A. (Hrsg.), Handbuch Umweltaudit, München 1998, 75.

Baumbach, A./Hefermehl, W. (1995): Wettbewerbsrecht, 18. Aufl. München 1995.

Berliner Datenschutzbeauftragter (1997): Datenschutz-Bericht 1996, Berlin 1997.

Bizer, J. (1997): Datenschutz in Neuen Medien, in: Kubicek, H./Klumpp, D./Müller, G./Neu, W./Raubold, E./Roßnagel, A. (Hrsg.), Jahrbuch Telekommunikation und Gesellschaft: Die Ware Information – Auf dem Weg zu einer Informationsökonomie, Heidelberg 1997, 146.

Bizer, J. (1999): Kommentierung des TDDSG, in: Roßnagel, A. (Hrsg.), Recht der Multimedia-Dienste, Kommentar zum Informations- und Kommunikationsdienste-Gesetz und zum Mediendienste-Staatsvertrag, Loseblatt, München 1999.

Blackburn, A./Fena, L./Wang, G. (1997): A Description of the eTRUST Model, in: U.S. Departement of Commerce, National Telecommunications and Information Administration (Ed.), Privacy and Self Regulation in the Information Age, Washington D.C. 1997, Chapter 5 <http://www.ntia.doc.gov/reports/selfreg5.htm>.

Blattner-Zimmermann, M. (1998): Warum (BSI-)Zertifikate?, DuD 1998, 222.

Borseenick, K.: Written Testimony Before the United States Senate Judiciary Committee, Washington, D.C., April 21, 1999 <http://www.senate.gov/~judiciary/42199kb.htm>.

Bröhl, G. M. (1997): Rechtliche Rahmenbedingungen für neue Informations- und Kommunikationsdienste, CR 1997, 73.

Büllesbach, A. (1995): Informationssicherheit, Datenschutz und Qualitätsmanagement, RDV 1995, 1.

Büllesbach, A. (1997): Datenschutz und Datensicherheit als Qualitäts- und Wettbewerbsfaktor, RDV 1997, 239.

Büllesbach, A. (1997): Datenschutz bei Informations- und Kommunikationsdiensten, Friedrich-Ebert-Stiftung, Bonn 1997.

Bundesregierung (1999): Bericht über die Erfahrungen und Entwicklungen bei den neuen Informations- und Kommunikationsdiensten im Zusammenhang mit der Umsetzung des Informations- und Kommunikationsdienste-Gesetzes (IuKDG), BT-Drs. 14/1191.

Bundesregierung (1999): Innovation und Arbeitsplätze in der Informationsgesellschaft des 21. Jahrhunderts – Aktionsprogramm der Bundesregierung, Bonn 1999.

Bundesumweltministerium (1995): Broschüre „EG-Umwelt-Audit", Dezember 1995.

Canadian General Standards Board (1998): A Canadian Independent Security Auditing Standard for Internet-based Networks and Servers <http://www.addsecure.net/inform.htm>.

Canadian Standards Association (CSA) (1996): Model Code for the Protection of Personal Information, A National Standard of Canada, Ottawa, March 1996, <http://www.csa.ca/83002-g.htm>.

Center for Democracy and Technology (1999): Behind the Numbers: Privacy Practices on the Web, Washington D.C. 1999, <http://www.cdt.org/previousheads/dataprivacy.shtml>

Clausen, J./Fichter, K. (1995): Umweltbericht – Umwelterklärung. Praxis glaubwürdiger Kommunikation von Unternehmen, München 1995.

Cranor, L. F./Ackerman, M. S. (1999): Beyond Concern: Understanding Net Users' Attitudes About Online Privacy, AT&T Labs-Research Technical Report TR 99.4.3, April 1999, <http://www.research.att.com/library/trs/TRs/99/99.4./99.4.3/report.htm>.

Culnan, M. R. (1999a): Georgetown Internet Privacy Policy Survey: Report to the Federal Trade Commission, Washington D.C. June 1999 <http://www.msb.edu/faculty/culnanm/gippshome.html>.

Culnan, M. R. (1999b): Privacy and the Top 100 Web Sites: Report to the Federal Trade Commission, Washington D.C. June 1999, <http://www.msb.edu/faculty/culnanm/gippshome.html>.

Degenhart, J./Freimann, J./Muke, R./Schwaderlapp, R./Schwedes, R. (1995): Pilot-Öko-Audits in Hessen, Erfahrungen und Ergebnisse, hrsg. v. Hessisches Ministerium für Wirtschaft, Verkehr und Landesentwicklung, Wiesbaden 1995.

Dombert, M. (1998): Umweltaudit und zivilrechtliche Haftung, in: Ewer, W./Lechelt, R./Theuer, A. (Hrsg.), Handbuch Umweltaudit, München 1998, 249.

Drews, H.-L./Kranz, H. J.: Argumente gegen die gesetzliche Regelung eines Datenschutzaudits, DuD 1998, 98.

Dyllick, T./Hummel, J. (1995): EMAS und/oder ISO 14 0001? Wider das strategische Defizit in den Umweltmanagementsystemnormen, UWF 3/1995, 24.

Dyson, E. (1997): Labeling Practices for Privacy Protection, in: U.S. Departement of Commerce, National Telecommunications and Information Administration (Ed.), Privacy and Self Regulation in the Information Age, Washington D.C. 1997, Chapter 5 <http://www.ntia.doc.gov/reports/selfreg5.htm>.

Engel-Flechsig, S. (1997): Teledienstedatenschutz, DuD 1997, 5.

Engel-Flechsig, S. (1997): Die datenschutzrechtlichen Vorschriften im neuen Informations- und Kommunikationsdienste-Gesetz, RDV 1997, 59.

Engel-Flechsig, S./Maennel, F. A./Tettenborn, A. (1997): Das neue Informations- und Kommunikationsdienste-Gesetz. NJW 1997, 2981.

Enquete-Kommission „Zukunft der Medien in Wirtschaft und Gesellschaft – Deutschlands Weg in die Informationsgesellschaft" (1998): Vierter Zwischenbericht zum Thema Sicherheit und Schutz im Netz, Juni 1998, BT-Drs. 13/11002.

Enquete-Kommission „Zukunft der Medien in Wirtschaft und Gesellschaft – Deutschlands Weg in die Informationsgesellschaft" (1998): Fünfter Zwischenbericht zum Thema Verbraucherschutz in der Informationsgesellschaft, Juni 1998, BT-Drs. 13/11003.

Ewer, W. (1995): Öko-Audit: Der Referenten-Entwurf für ein Umweltgutachter- und Standortregistrierungsgesetz und die Übergangslösung zur Anwendung der EG-Öko-Audit-Verordnung, NVwZ 1995, 457.

Ewer, W. (1998): Aufgaben und Pflichten des Umweltgutachters sowie das Verfahren seiner Zulassung, in: Ewer, W./Lechelt, R./Theuer, A. (Hrsg.), Handbuch Umweltaudit, München 1998, 115.

Falk, H. (1997): Die EG-Umwelt-Audit-Verordnung und das Umwelthaftungsrecht, EuZW 1997, 593.

Falk, H./Nissen, U. (1995): Der Inhalt der Umwelterklärung nach der EG-Umwelt-Audit-Verordnung, DB 1995, 2101.

Feldhaus, G. (1995): Die Rolle der Betriebsbeauftragten im Umwelt-Audit-System, BB 1995, 1545.

Feldhaus, G. (1997): Umwelt-Audit und Entlastungschancen im Vollzug des Immissionsschutzrechts, UPR 1997, 341.

Feldhaus, G. (1998): Wettbewerb zwischen EMAS und ISO 14001, UPR 1998, 41.

Fleckenstein, K. (1996): Strukturpolitik und Umweltschutz des Deutschen Industrie- und Handelstages, Bonn, in: Rengeling, H.-W. (Hrsg.), Integrierter und betrieblicher Umweltschutz, Köln 1996, 219.

Forschungsgruppe Betriebliche Umweltpolitik (1996): EMAS-Umwelterklärungen. Wie Unternehmen die Öffentlichkeit über ihre Aktivitäten im Umweltschutz informieren, Kassel 1996.

Freimann, J. (1997): Gehversuche. Betriebliche Umweltpolitik auf dem neuen Terrain von Eigeninitiative und Chancenorientierung, in: Birke, M./Burschel, C./Schwarz, M. (Hrsg.), Handbuch Umweltschutz und Organisation, München 1997, 563.

Friedel, A./Wiegand, G. (1998): Zertifizierungen und Gütesiegel – eine Übersicht, in: Wedde, P./Friedel, A./Wiegand, G., Gütesiegel für den betrieblichen Datenschutz, 2. Aufl. Eppstein 1998, 6.

Frings, E./Schmidt, M. (1998): Quo vadis EMAS? in: Schmidt, M./Höpfner, U. (Hrsg.), 20 Jahre ifeu-Institut, Braunschweig 1998, 395.

Frings, E. (1998): Kommunales Öko-Audit, in: Schmidt, M./Höpfner, U. (Hrsg.), 20 Jahre ifeu-Institut, Braunschweig 1998, 433.

Führ, M. (1992): Umweltbewußtes Management durch „Öko-Audit", EuZW 1992, 468.

Führ, M. (1993): Umweltmanagement und Umweltbetriebsprüfung – neue EG-Verordnung zum „Öko-Audit" verabschiedet, NVwZ 1993, 858.

Führ, M. (1996): Eigenverantwortung oder Öko-Staat? Sicherung der Selbstverantwortung in Unternehmen, in: Roßnagel, A./Neuser, U. (Hrsg.), Reformperspektiven im Umweltrecht, Baden-Baden 1996, 211.

Ganse, J./Gasser, V./Jasch, A. (1997): Öko-Audit Umweltzertifizierung, Basis einer neuen Unternehmenskultur, München 1997.

Garstka, H. (1998): Empfiehlt es sich, Notwendigkeit und Grenzen des Schutzes personenbezogener – auch grenzüberschreitender – Informationen neu zu bestimmen?, DVBl 1998, 981.

Geis, I. (1997): Internet und Datenschutz, NJW 1997, 288.

Gellman, R. M. (1996): Can Privacy Be Regulated Effectively on a National Level? Thoughts on the Possible Need for International Privacy Rules, Villanova Law Review, Vol. 41, No. 1, 1996, 129.

Gounalakis, G. (1997): Der Mediendienste-Staatsvertrag der Länder, NJW 1997, 2993.

Gounalakis, G./Rhode, L. (1998): Das Informations- und Kommunikationsdienste-Gesetz. Ein Jahr im Rückblick: Rechtsrahmen des Bundes für die Informationsgesellschaft, K&R 1998, 321.

Gounalakis, G./Rhode, L. (1998): Elektronische Kommunikationsangebote zwischen Telediensten, Mediendiensten und Rundfunk, CR 1998, 487.

Grimm, R. (1999): User Control over Personal Web Data, ISSE'99, Proceedings, Berlin 1999.

Grimm, R./Löhndorf, N./Scholz, P. (1999): Datenschutz in Telediensten (DASIT), DuD 1999, 272.

Halley, H./Pfriem, R. (1993): Umwelt-Audits, Öko-Controlling und externe Unternehmenskommunikation, Umwelt-Wirtschafts-Forum 1993, Heft 3, 49.

Hammer, V./Pordesch, U./Roßnagel, A. (1993): ISDN-Anlagen rechtsgemäß gestaltet, Berlin 1993.

Hamschmidt, J. (1995): Internationale Qualitäts- und Umweltmanagementnormung: Eine vergleichende Analyse der EU-Öko-Audit-Verordnung und der DIN EN ISO 9000 ff., Kassel 1995.

Hansmann, K. (1996): Umwelt-Audit: Verhältnis der Eigenüberwachung zur behördlichen Kontrolle, in: Rengeling, H.-W. (Hrsg.), Integrierter und betrieblicher Umweltschutz, Köln 1996, 207.

Hassemer, W. (1995): Zeit zum Umdenken, DuD 1995, 448.

v. Heyl, C. (1998): Teledienste und Mediendienste nach Teledienstegesetz und Mediendienste-Staatsvertrag, ZUM 1998, 115.

Hemmelskamp, J./Neuser, U./Zehnle, J. (1994): Audit gut, alles gut? – eine kritische Analyse der EG-Umwelt-Audit-Verordnung, ZEW-Wirtschaftsanalysen 1994, 199.

Heuvels, K. (1996): Die EG-Öko-Verordnung im Praxistest – Erfahrungen aus einem Pilot-Audit-Programm der Europäischen Gemeinschaften, UWF 3/1993, 41.

Hillebrandt, A. (1998): Sicherheit im Internet aus Sicht der Nutzer, DuD 1998, 218.

Hochstein, R. (1997): Teledienste, Mediendienste und Rundfunkbegriff – Anmerkungen zur praktischen Abgrenzung multimedialer Erscheinungsformen, NJW 1997, 2977.

Hönes, H./Küppers, P (1998): Unternehmen Umwelt. Die Umwelterklärungen deutscher Unternehmen im Vergleich, Freiburg 1998.

Hoffmann-Riem, W. (1996): Innovationen durch Recht und im Recht, in: Schulte, M. (Hrsg.), Technische Innovation und Recht – Antrieb oder Hemmnis?, Heidelberg 1996, 3.

Hoffmann-Riem, W. (1996): Öffentliches Recht und Privatrecht als wechselseitige Auffangordnungen – Systematisierung und Entwicklungsperspektiven, in: Hoffmann-Riem, W./Schmidt-Aßmann, E. (Hrsg.), Öffentliches Recht und Privatrecht als wechselseitige Auffangordnungen, Baden-Baden 1996, 261.

Hoffmann-Riem, W. (1998): Weiter so im Datenschutzrecht?, DuD 1998, 684.

Horibe, M. (1998): The Information Society and Privacy – Current State of Personal Data Protection in Japan, JIPDEC Information Quaterly No. 115, 1998, 3.

House of Commons of Canada (1999): Bill C-6: Personal Information Protection and Electronic Documents Act, Second Session, Thirty-sixth Parliament, 48 Elizabeth II, 1999, 90052.

Industrie- und Handelskammer (IHK) Frankfurt (Oder) (1996): Deregulierungsmöglichkeiten im Zusammenhang mit der Durchführung von Öko-Audits, Frankfurt (Oder) 1996.

Intelliquest, Inc. (1999): Worldwide Internet/Online Tracking Service 1st Quarter 1999 Report, Summary <http://www.intelliquest.com/press/release78.asp>.

Internet Law and Policy Forum (ILPF) (1998): Observations on the State of Self-Regulation of the Internet, <http://www.ilpf.org/selfreg/whitepaper.htm>.

Janke, G. (1995): Öko-Auditing. Handbuch für die interne Revision des Umweltschutzes im Unternehmen, Berlin 1995.

Japan Information Processing Development Center (JIPDEC) (1998): MITI Personal Data Protection Policies, JIPDEC Information Quaterly No. 115, 1998, 17.

Japan Information Processing Development Center (JIPDEC) (1998): Privacy Mark Award System, JIPDEC Information Quaterly No. 115, 1998, 27.

Jarass, H. D./Pieroth, B. (1995): Kommentar zum Grundgesetz, 3. Aufl. München 1995.

Jasch, A. (1995): Die ISO 14001-Norm und ihre Bedeutung für die EG-Öko-Audit-Verordnung, in: Fichter, K. (Hrsg.), Die EG-Öko-Audit-Verordnung: mit Öko-Controlling zum zertifizierten Umweltmanagementsystem, München 1995, 41.

Kienle, T. (1997): Werbung mit (Umwelt-)Qualitätsmanagementsystemen – Gefühlsausnutzung oder Kundeninformation?, NJW 1997, 3360.

Kloepfer, M. (1993): Betrieblicher Umweltschutz als Rechtsproblem, DB 1993, 1125.

Kloepfer, M. (1998): Geben moderne Technologien und die europäische Integration Anlaß, Notwendigkeit und Grenzen des Schutzes personenbezogener Informationen neu zu bestimmen?, Gutachten D für den 62. Deutschen Juristentag, München 1998.

Kniep, K. (1997): Initiativen und Ansätze der Deregulierung im Umweltrecht, GewArch. 1997, 142.

Köck, W. (1995): Umweltschutzsichernde Betriebsorganisation als Gegenstand des Umweltrechts: Die EG-"Öko-Audit"-Verordnung, JZ 1995, 643.

Königshofen, T. (1999): Prinzipien und Leitlinien für ein Datenschutzaudit bei Multimedia, DuD 1999, 266.

Konferenz der Datenschutzbeauftragten des Bundes und der Länder (1997): Anforderungen zur informationstechnischen Sicherheit bei Chipkarten, DuD 1997, 254.

Kothe, P. (1996): Das neue Umweltauditrecht, München 1996.

Knopp, L. (1998): Umwelt-Audit-Erweiterungsverordnung und ihre Anwendungsbereiche, BB 1998, 1121.

Krisor, K. (1998): Aus den Erfahrungen lernen – Die Position der EU-Kommission zur Revision der EMAS-Verordnung, Ökologisches Wirtschaften 3-4/1998, 26.

Kröger, D./Moos, F. (1997): Mediendienst oder Teledienst? Zur Aufteilung der Gesetzgebungsmaterie Informations- und Kommunikationsdienste zwischen Bund und Ländern, AfP 1997, 675.

Kuch, H.-J. (1997): Der Staatsvertrag über Mediendienste, ZUM 1997, 225.

Kurz, R./Spiller, A. (1992): Umwelt-Auditing: Internes Risikocontrolling oder marktorientierte Umweltverträglichkeitsprüfung? ZAU 1992, 304.

Landesanstalt für Umweltschutz Baden-Württemberg (1998): Umweltmanagement für kommunale Verwaltungen, Karlsruhe 1998.

Landesbeauftragter für den Datenschutz Schleswig-Holstein (1998): Bericht über die Notwendigkeit der Novellierung des Landesdatenschutzgesetzes, LT-Drs. 14/1738.

Lanfermann, H. (1998): Datenschutzgesetzgebung – gesetzliche Rahmenbedingungen einer liberalen Informationsordnung, RDV 1998, 1.

Lechelt, R. (1998): System des Umweltaudits, Entstehungsgeschichte, in: Ewer, W./Lechelt, R./Theuer, A. (Hrsg.), Handbuch Umweltaudit, München 1998, 1.

Liesegang, G. (1995): Selbstbestimmung ist besser als Fremdbestimmung, UWF 3/1995, 3.

Louis Harris & Associates, Inc. (1999): National Consumers League: Consumers and the 21st Century, 1999, <http://www.privacyexchange.org/Issues-Sudies-Surveys>.

Louis Harris & Associates/Westin, A. L. (1997): Commerce, Communication and Privacy Online, 1997 <http://www.datenschutzberlin.de/doc/usa/commerce.htm>

Louis Harris & Associates, Inc./Westin, A. F. (1998): E-Commerce & Privacy: What Users Want, 1998, <http://www.privacyexchange.org/Issues-Sudies-Surveys>.

Lübbe-Wolff, G. (1994): Die EG-Verordnung zum Umwelt-Audit, DVBl. 1994, 361.

Lübbe-Wolff (1996): Das Umwelt-Audit-Gesetz, NuR 1996, 217.

Lübbe-Wolff (1996): Öko-Audit und Deregulierung – Eine kritische Betrachtung, ZUR 1996, 173.

Lütkes, M. (1996): Das Umwelt-Audit-Gesetz, NVwZ 1996, 230.

Lütkes, M./Ewer, W. (1999): Schwerpunkte der bevorstehenden Revision der Umweltauditverordnung (EWG) Nr. 1836/93, NVwZ 1999, 19.

Mayen, T. (1997): Der Umweltgutachterausschuß – ein strukturelles Novum ohne hinreichende demokratische Legitimation?, NVwZ 1997, 215.

Meier, C. (1999): Kommentierung des MDStV, in: Roßnagel, A. (Hrsg.), Recht der Multimedia-Dienste, Kommentar zum Informations- und Kommunikationsdienste-Gesetz und zum Mediendienste-Staatsvertrag, Loseblatt, München 1999.

Mosdorf, S. (1998): Bausteine für einen Masterplan für Deutschlands Weg in die Informationsgesellschaft, Gutachten für die Friedrich Ebert Stiftung, Bonn 1998.

Müggenborg, H.-J. (1996): Der Prüfungsumfang des Umweltgutachters nach der Umwelt-Audit-Verordnung, DB 1996, 125.

Opaschowski, H. W. (1998): Quo vadis, Datenschutz? Datensicherheit aus der Sicht der Verbraucher, DuD 1998, 654.

Opaschowski, H. W./Duncker, C. (1998): Der gläserne Konsument? Multimedia und Datenschutz, Hamburg 1998.

Overkleeft-Verburg, M. (1996): Datenschutz zwischen Regulierung und Selbstregulation. Erfahrungen aus den Niederlanden, in: Alcatel SEL Stiftung (Hrsg.), Rechtliche Gestaltung der Informationstechnik, Stuttgart 1996, 41.

Peter, B./Küppers, P. (1997): Der Weg zur besten Umwelterklärung, Methoden – Tips – Beispiele, Eschborn 1997.

Pichler, R. (1998): Haftung des Host Providers für Persönlichkeitsverletzungen vor und nach dem TDG, MMR 1998, 79.

Pieroth, B./Schlink, B. (1997): Grundrechte, 13. Aufl. Heidelberg 1997.

Pordesch, U./Hammer, V./Roßnagel, A. (1991): Prüfung des rechtsgemäßen Betriebs von ISDN-Anlagen, Braunschweig 1991.

provet (1996): Vorschläge zur Regelung von Datenschutz und Rechtssicherheit in Online-Multimedia-Anwendungen, Gutachten für das Bundesministerium für Bildung, Wissenschaft, Forschung und Technologie, Darmstadt 1996, <http://www.provet.de/bib/mmge> oder <http://www.iid.de/iukdg>.

Racke, M. (1998): Probleme der Zulassung von Umweltgutachtern und Umweltgutachterorganisationen sowie der Erteilung von Fachkundebescheinigungen, in: Bohne, E. (Hrsg.): Erfahrungen mit dem Umweltauditgesetz, Baden-Baden 1998, 23.

Rat für Forschung, Technologie und Innovation (1995): Informationsgesellschaft. Chancen, Innovationen und Herausforderungen, Bonn 1995.

Reagle, J./Cranor, L. F.(1999): The Platform for Privacy Preferences, CACM 2/1999, 48; auch verfügbar unter <http://www.w3.org/TR/NOTE-P3P-CACM/> .

Reidenberg, J. R. (1996): The Use of Technology to Assure Internet Privacy: Adapting Labels and Filters for Data Protection, Lex Electronica 1996, <http://www.lex-electronica.org/articles/v3-2/reidenbe.html>.

Reidenberg, J. R. (1998): Lex Informatica: The Formulation of Information Policy Rules Through Technology, Texa Law Review, Vol. 76 No. 3, 1998, 553.

Reidenberg, J. R. (1999): Restoring Americans' Privacy in Electronic Commerce, Berkeley Technology Law Journal, Vol. 14 No. 2, 1999, 771.

Rhein, C. (1996): Das Gemeinschaftssystem für das Umweltmanagement und die Umweltbetriebsprüfung, Baden-Baden 1996.

Richter, B. (1998): Die Anwendung des Umweltaudits auf die kommunalen Dienstleistungen, in: Ewer, W./Lechelt, R./Theuer, A. (Hrsg.), Handbuch Umweltaudit, München 1998, 339.

Rihaczek, K. (1999): Die Braut des Datenverarbeiters, DuD 1999, 67.

Roller, G. (1992): Der „Blaue Engel" und die „Europäische Blume" – Die EG-Verordnung betreffend ein gemeinschaftliches System zur Vergabe eines Umweltzeichens, EuZW 1992, 499.

Roßnagel, A. (1994): Kommentierung des § 5 BImSchG , in: Koch, H.-J./Scheuing, D. (Hrsg.), Gemeinschaftskommentar zum Bundes-Immissionsschutzgesetz, Loseblatt, Düsseldorf, ab 1994.

Roßnagel, A. (1997): Globale Datennetze: Ohnmacht des Staates – Selbstschutz der Bürger – Thesen zur Änderung der Staatsaufgaben in einer „civil information society", ZRP 1997, 26.

Roßnagel, A. (1997): Datenschutzaudit, DuD 1997, 505.

Roßnagel, A. (1997): Wirtschaftliche Bedeutung und rechtliche Ausgestaltung eines Datenschutzaudits für Informations- und Kommunikationsdienste, in: Bundesministerium für Bildung, Wissenschaft, Forschung und Technologie (Hrsg.), Informations- und Kommunikationsdienste-Gesetz – Umsetzung und Evaluierung – Chancen für die Wirtschaft, Erwartungen an die Verwaltung und Gesetzgebung, Dokumentation der Fachveranstaltung vom 8.12.1997, Bonn 1997, 45.

Roßnagel, A. (1998a): Datenschutzaudit – Ein neues Instrument des Datenschutzes, in: Bäumler, H. (Hrsg.), Der neue Datenschutz, Neuwied 1998, 68.

Roßnagel, A. (1998b): Einführung in das Multimedia-Recht, in: Engel-Flechsig, S./Roßnagel, A. (Hrsg.), Multimedia-Recht, München 1998, 1.

Roßnagel, A.(1998): Neues Recht für Multimediadienste – Informations- und Kommunikationsdienste-Gesetz und Mediendienste-Staatsvertrag, NVwZ 1998, 1.

Roßnagel, A. (1998): Datenschutztechnik und -recht in globalen Netzen, MMR 1998, Heft 9, V - VII.

Roßnagel, A. (1999): Datenschutz in globalen Netzen. Das TDDSG – ein wichtiger erster Schritt, DuD 1999, 253.

Roßnagel, A. (1999): Kommentierung des SigG und der SigV, in: Roßnagel, A. (Hrsg.), Recht der Multimedia-Dienste, Kommentar zum Informations- und Kommunikationsdienste-Gesetz und zum Mediendienste-Staatsvertrag, Loseblatt, München 1999.

Roßnagel, A. (1999): Das Konzept eines Datenschutzaudits und seine verbraucherpolitischen Vorteile, AgV-Forum 1/1999, 36.

Roßnagel, A. (1999a): Datenschutz-Audit, in: Sokol, B. (Hrsg.), Neue Instrumente im Datenschutz, Düsseldorf 1999, i.E.

Roßnagel, A./Bizer, J. (1995): Multimediadienste und Datenschutz, Gutachten für die Akademie für Technikfolgenabschätzung in Baden-Württemberg, Stuttgart 1995.

Roßnagel, A./Pordesch, U. (1999): Kommentierung des SigG und der SigV, in: Roßnagel, A. (Hrsg.), Recht der Multimedia-Dienste, Kommentar zum Informations- und Kommunikationsdienste-Gesetz und zum Mediendienste-Staatsvertrag, Loseblatt, München 1999.

Rotenberg, M.: (1999) Testimony and Statement for the Record, Hearing on S. 809, The Online Privacy Protection Act of 1999, Before the Subcommittee on Communications, Committee on Commerce, Science and Transportation, U.S. Senate, July 27, 1999, Washington D.C., <http://www.epic/news>.

Sachverständigenrat „Schlanker Staat" (1997): Abschlußbericht, Bonn 1997.

Schaar, P. (1999): Kommentierung des TDDSG, in: Roßnagel, A. (Hrsg.), Recht der Multimedia-Dienste, Kommentar zum Informations- und Kommunikationsdienste-Gesetz und zum Mediendienste-Staatsvertrag, Loseblatt, München 1999.

Scherer, J. (1993): Umwelt-Audits: Instrument zur Durchsetzung des Umweltrechts im europäischen Binnenmarkt, NVwZ 1993, 11.

Scheuing, D. (1994): Europarechtliche Impulse für innovative Ansätze im deutschen Verwaltungsrecht, in: Hoffmann-Riem, W./Schmidt-Aßmann, E. (Hrsg.), Innovation und Flexibilität des Verwaltungshandels, Baden-Baden 1994, 289.

Schmidt-Aßmann, E. (1993): Deutsches und europäisches Verwaltungsrecht – Wechselseitige Einwirkungen, DVBl 1993, 924.

Schmidt-Preuß, M. (1997): Verwaltung und Verwaltungsrecht zwischen gesellschaftlicher Selbstregulierung und staatlicher Steuerung, VVDStRL 56 (1997), 162.

Schmidt-Preuß, M. (1997): Umweltschutz ohne Zwang – das Beispiel Öko-Audit, in: Ziemske, B. u.a. (Hrsg.), Staatsphilosophie und Rechtspolitik, Festschrift f. M. Kriele, München 1997, 1157.

Schneider, J.-P. (1995): Öko-Audit als Scharnier einer ganzheitlichen Regulationsstrategie, Die Verwaltung 1995, 361.

Schnutenhaus, J. (1995): Die Umsetzung der Öko-Audit-Verordnung in Deutschland, ZUR 1995, 9.

Schottelius, D. (1997): Ein kritischer Blick in die Tiefen des EG-Öko-Audit-Systems, BB 1997, Beilage 2, 1.

Schottelius, D. (1998): Umweltmanagement-Systeme, NVwZ 1998, 805.

Sellner, D./Schnutenhaus, J. (1993): Umweltmanagement und Umweltbetriebsprüfung („Umwelt-Audit") – ein wirksames, nicht ordnungsrechtliches System des betrieblichen Umweltschutzes?, NVwZ 1993, 928.

Simitis, S. (1992): Kommentierung des Bundesdatenschutzgesetz, in: Simitis, S./Dammann, U./Geiger, H./Mallmann, O./Walz, S., Kommentar zum Bundesdatenschutzgesetz, 4. Aufl. Loseblatt, Baden-Baden 1992 ff.

Spindler, G. (1998): Das Öko-Audit im Kommissions- sowie Arbeitsentwurf zum Umweltgesetzbuch, ZUR 1998, 285.

Spindler, G. (1999): Kommentierung des TDG, in: Roßnagel, A. (Hrsg.), Recht der Multimedia-Dienste, Kommentar zum Informations- und Kommunikationsdienste-Gesetz und zum Mediendienste-Staatsvertrag, Loseblatt, München 1999.

Sprenger, F./Maier, T. (1997): Die Einführung von Umweltmanagementsystemen als Prozeß der Unternehmensberatung, in: Birke, M./Burschel, C./Schwarz, M. (Hrsg.), Handbuch Umweltschutz und Organisation, München 1997, 652.

Storm, P.-C. (1998): Novellierungsbedarf der EG-Umweltaudit-Verordnung?, NVwZ 1998, 341.

Strate, G./Wohlers, W. (1998): Umweltaudit und strafrechtliche Verantwortlichkeit, in: Ewer, W./Lechelt, R./Theuer, A. (Hrsg.), Handbuch Umweltaudit, München 1998, 267.

Stuer, B./Rude, S. (1998): Öko-Audit in Europa – „Vom Hammer zum Computer", DVBl 1998, 85.

Swire, P. P. (1997): Markets, Self-Regulation and Government Enforcement in the Protection of Personal Information, in: U.S. Department of Commerce, National Telecommunications and Information Administration (Ed.), Privacy and Self Regulation in the Information Age, Washington D.C. 1997, Chapter 1 <http://www.ntia.doc.gov/reports/selfreg1.htm>.

Task Force on Electronic Commerce, Industry Canada and Justice Canada: The Protection of Personal Information, Building Canada's Information Economy and Society, Ottawa, January 1998, <http://e-com.ic.gc.ca/english/privacy/632d2.html>.

Theuer, A. (1998): Das Umweltmanagementsystem und dessen Bestandteile, in: Ewer, W./Lechelt, R./Theuer, A. (Hrsg.), Handbuch Umweltaudit, München 1998, 35.

Ulrich, O. (1996): Leitbildwechsel: dem (sicherheits-)technologische aktivierten Datenschutz gehört die Zukunft, DuD 1996, 664.

U.S. Childrens' Online Privacy Protection Act 1998 (1998): Title XIII, Omnibus Consolidated and Emergency Supplemental Appropriations Act, 1999, Pub. L.105-277, 112 Stat. 2681 (October 21, 1998), reprinted at 144 Cong. Rec. H11240-42 (Oct. 19, 1998), <http://www.ftc.gov/ogc/stat3.htm>.

U.S. Congress (1999): S. 809, The Online Privacy Protection Act of 1999, 106th Congress, 1st Session, April 15, 1999, <http://www.senate.gov/~burns/private.htm>.

U.S. Departement of Commerce, National Telecommunications and Information Administration (Ed.) (1997): Privacy and Self Regulation in the Information Age, Washington D.C. 1997 <http://www.ntia.doc.gov/reports/privacy/>.

U.S. Departement of Commerce (1998): Elements of Self-Regulation for Protection of Privacy, Discussion Paper January 1998 <http://www.ntia.doc.gov/reports/privacydraft/198dftprin.htm>.

U.S. Federal Trade Commission (1998): Privacy Online: A Report to Congress, Washington D.C., July 1998 <http://www.ftc.gov/reports/privacy3/index.htm>.

U.S. Federal Trade Commission (1999): Self-Regulation and Privacy Online, A Report to Congress, Washington D.C., July 1999a <http://www.ftc.gov/opa/1999/9907/report1999.htm>.

U.S. Federal Trade Commission (1999a): Childrens' Online Privacy Protection Rule, 64 Fed. Reg. 22750 (1999), Washington D.C. 1999 <http://www. cdt.org/privacy/childrensprivacy.pdf>.

Vetter, A. (1998): Bedeutung der Teilnahmeerklärung und zulässige Verwendungsmöglichkeiten, in: Ewer, W./Lechelt, R./Theuer, A. (Hrsg.), Handbuch Umweltaudit, München 1998, 213.

Vogt, U./Tauss, J. (1998): Entwurf für ein Eckwerte Papier der SPD-Bundestagsfraktion: Modernes Datenschutzrecht für die (globale) Wissens- und Informationsgesellschaft, Bonn Oktober 1998.

Wächter, M. (1995): Prinzipien des Datenschutzes und der Datensicherung – Ein Beitrag zum „Corporate Law" in den Unternehmen, DuD 1995, 465.

Wagner, H./Budde, A. (1997): Erfahrungen mit dem Umwelt-Audit-System in Deutschland, ZUR 1997, 254.

Waldenberger, A. (1998): Teledienste, Mediendienste und die „Verantwortlichkeit" ihrer Anbieter, MMR 1998, 124.

Waskow, S. (1997): Betriebliches Umweltmanagement, Anforderungen nach der Audit Verordnung der EG und dem Umweltauditgesetz, 2. Aufl. Heidelberg 1997.

Weichert, T. (1997): Datenschutzrechtliche Anforderungen an Chipkarten, DuD 1997, 266.

Westin, A. F. (1997): Privacy on the Internet: Everyone a Data Protection Officer?, <http://ig.es.tu-berlin.de/~dsb/infomat/heft26/westin.htm>.

Wilhelm, R. (1995): Qualitäts-Managementsysteme nach den Normen DIN ISO 9000 ff in Software-Unternehmen, DuD 1995, 330.

Wimmer, R. (1989): Ein Blauer Engel mit rechtlichen Macken, BB 1989, 565.

Wohlfahrt, W./Signon, J. (1998): Aufbau und Inhalt der Umwelterklärung, in: Ewer, W./Lechelt, R./Theuer, A. (Hrsg.), Handbuch Umweltaudit, München 1998, 91.

Wruk, H.-P. (1993): Erfahrungen aus der ökologischen Schwachstellenanalyse nach dem B.A.U.M.-Modell und Vergleich mit dem Öko-Audit, Umwelt-Wirtschafts-Forum, 1993, Heft 3, 58.